AF893805

Ingeniería bioinspirada

Eddie Nahúm Armendáriz Míreles

Pablo César Carbo Vela

Constantin Alberto Hernández Bocanegra

Juan López Hernández

Enrique Martínez Peña

Enrique Rocha Rangel

José Amparo Rodríguez García

OmniaScience

INGENIERÍA BIOINSPIRADA

Autores:

Eddie Nahúm Armendáriz Míreles
Pablo César Carbo Vela
Constantin Alberto Hernández Bocanegra
Juan López Hernández
Enrique Martínez Peña
Enrique Rocha Rangel
José Amparo Rodríguez García

Universidad Politécnica de Victoria

ISBN: 978-84-942118-4-3

DL: B-23978-2014

DOI: http://dx.doi.org/10.3926/oms.235

Agradecimientos

Los autores agradecen a la Universidad Politécnica de Victoria, el apoyo otorgado para la escritura de este libro. Asimismo, desean expresar su agradecimiento al PROMEP por financiamiento otorgado a través de diferentes proyectos.

CONTENIDO

Prólogo

Los autores de este libro tienen como formación distintos campos de la ingeniería y estudios de posgrado en diferentes especialidades de las ciencias. En todos estos casos siempre se nos enseñó las ciencias, tomando como base del conocimiento tres pilares que son; la física, la química y las matemáticas. A pesar de que todos nosotros terminamos nuestros estudios de ingeniería hace ya algunos años, por estar inmersos en la enseñanza de la misma, es que nos hemos percatado que en la actualidad, en la gran mayoría de las universidades que forman ingenieros alrededor del mundo, se continua tomando como base de la enseñanza de la ingeniería estas tres disciplinas.

Sin embargo, durante los últimos años muchas cosas han cambiado, la ciencia ha experimentado cambios verdaderamente asombrosos como por ejemplo; se han clonado seres vivos, actualmente se tienen cultivos en donde la ingeniería genética se ha involucrado, se han fabricado celdas solares que imitan la fotosíntesis de las plantas para captar energía solar, se han diseñado corazones artificiales. Por todo esto hoy en día es muy urgente que en la enseñanza de la ingeniería se vean involucrados conceptos y fundamentos básicos de la biología. Ya que tras 3.8 billones de años de que apareció la vida en la tierra, lo que nos rodea es el secreto de la supervivencia, lo que en su momento no se adaptó a las condiciones del medio que lo rodeaba ahora ya no existe.

Por tal motivo, la enseñanza de la ingeniería y de las ciencias de ahora en adelante deben estar fundamentadas en cuatro pilares básicos que son; la física, la química, las matemáticas y la biología.

De tal manera y ante la necesidad de resolver distintas problemáticas que experimentan los seres humanos, es que hace poco más de 15 años surge una nueva disciplina de la ciencia llamada ***Biomimética***, palabra que significa ***Imitar a la Vida***, es decir, copiar aquellos modelos naturales exitosos para la solución de problemas humanos, utilizando para ello puntos de vista biológicos, por supuesto sin dejar a un lado los principios básicos de la ingeniería. Esto porque en la medida que nuestro mundo funcione más como el mundo natural, mayor será nuestra oportunidad de permanecer en él.

En el breve espacio de tiempo, en el que la Biomimética ha existido, se han logrado una gran cantidad de desarrollos alrededor del mundo y en muchos campos de la ciencia y la tecnología aplicando sus conceptos. Cada vez son más las instituciones que han creado departamentos en los cuales se desarrollan modelos bioinspirados para la solución de ciertos problemas. Sin embargo, aún existe un gran potencial de esta nueva ciencia que se puede aprovechar al imitar los modelos naturales.

Por estas razones y estando conscientes de que la naturaleza es sumamente sabía y podemos aprender mucho de ella, es que los autores de este libro desde hace algún tiempo nos hemos visto involucrados en el conocimiento y estudio de esta nueva ciencia en la búsqueda de algunas aplicaciones de la misma. De manera tal y con la idea de difundir las bondades de la Biomimética es que decidimos realizar una investigación en el campo, con el único afán de difundir este nuevo concepto, esperamos que este libro pueda despertar el interés de muchos estudiosos de la ingeniería para aplicar soluciones biológicas a los problemas que continuamente deben sortear.

Los autores

CAPÍTULO 1

Introducción

Los orígenes modernos de la Biomímica, mejor conocida como Biomimética, suelen atribuirse al ingeniero Richard Buckminster Fuller. Por su parte, el desarrollo conceptual corresponde a la científica Janine Benyus, que en 1997 publicó el libro de mayor referencia hasta ahora; "*Biomimicry: Innovation Inspired by Nature*"[1]. Años más tarde, la investigadora creaba, junto a Dayna Baumeister, la Biomimicry Guild, un grupo de científicos que, además de investigar, ofrecen información y consultoría sobre estos sistemas.

En el libro de la bióloga Janine Benyus; *Biomimicry: Inovation Inspired by Nature*, cuya traducción al español es; Biomimética: Innovación Inspirada por la naturaleza. La autora demuestra como la naturaleza es el mejor diseñador del mundo y como los humanos podemos aprender muchas cosas de ella si ponemos atención. Desde entonces muchos científicos, diseñadores, ingenieros, biólogos, etc., han empleado esta manera de pensar para crear un amplio rango de productos, que van desde un tren japonés de alta velocidad con un frente aerodinámico semejante al de una ave (Figura 1.1), hasta una celda solar que trabaja bajo los principios con los cuales las hojas de los árboles captan la energía solar (fotosíntesis)[2,3].

La Biomimética como se le conoce en la práctica, no representa una categoría de productos, sino que es un método con el cual los diseñadores e ingenieros hacen investigaciones biológicas para determinar cómo los organismos resuelven problemas complejos. En otras palabras, usan la información obtenida a través de millones de años de evolución para obtener un diseño. En años recientes, ese tipo de pensamiento aplicado en un contexto comercial ha producido una gran cantidad de nuevos productos tales como; pegamentos no tóxicos, medios de transporte empleando conceptos aerodinámicos, estructuras que además de ligeras son muy resistentes, sensores, redes neuronales, entre otras. En palabras de la autora del

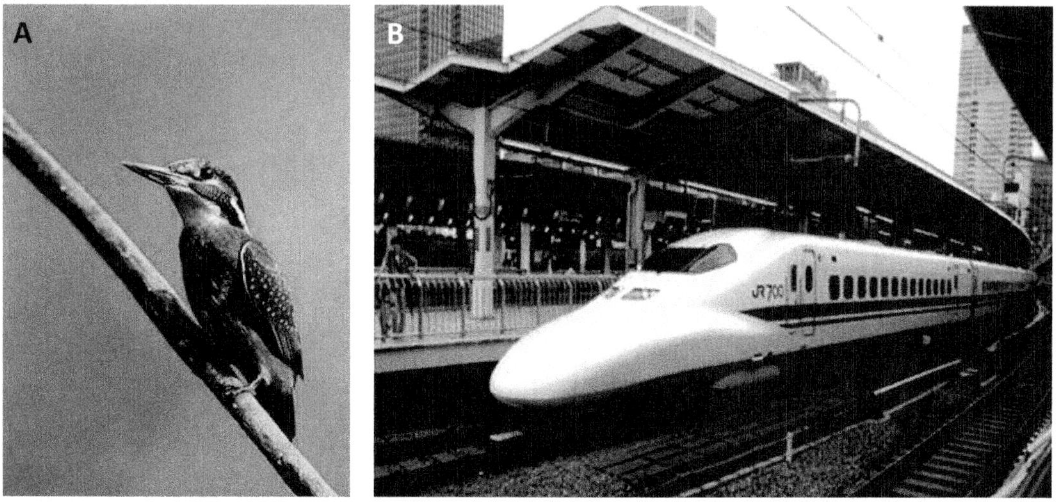

Figura 1.1. A) Pájaro alcedo atthis considerado como una ave muy veloz en vuelo y B)tren bala japonés, uno de los trenes más veloces del mundo. Su diseño aerodinámico fue inspirado en la cabeza del ave.

libro *Biomimicry* el significado de esta palabra Biomimética; deriva de *bios*, que significa vida y *mimesis* que significa imitar, siendo esta una nueva ciencia que estudia las mejores ideas de la naturaleza y después imita estos diseños y procesos para resolver problemas humanos.

A través de la evolución, la naturaleza ha experimentado varias soluciones a sus desafíos y ha mejorado las más exitosas de ellas. Específicamente, la naturaleza experimenta con los principios de la física, química, mecánica, ciencia de materiales, movilidad, control, sensores y muchos otros campos que nosotros reconocemos como ciencia e ingeniería. Los procesos de la naturaleza también involucran el escalamiento de lo nano y micro a lo macro y mega. Los archivos de los sistemas vivientes envuelven y acumulan información codificando esta en los genes de las especies y pasando la información de una generación a otra a través de su propia replica.

La idea central de este concepto es que la naturaleza, imaginativa por necesidad, ya ha resuelto muchos de los problemas que nosotros nos esforzamos en resolver hoy en día. Los animales, las plantas, aún los diminutos microbios son ingenieros consumados. Ellos han encontrado lo que funciona, lo que es apropiado, lo que perdura en el planeta tierra. Esta es la novedad real de la *Biomimética*: tras 3.8 billones de años de búsqueda y desarrollo, los fallos ahora son fósiles y lo que nos rodea es el secreto de la supervivencia[4,5]. La emulación consciente de la genialidad de la naturaleza es una estrategia de supervivencia para la raza humana, un camino hacia el futuro sustentable. A medida que nuestro mundo se parezca y funcione como el mundo natural, mayor es nuestra probabilidad de sobrevivir en él.

La Biomimética, como un acercamiento a la innovación no es un concepto nuevo. En la antigüedad, conscientemente o no, diversas creaciones humanas tenían tras de sí una fuerte inspiración natural. Leonardo da Vinci desarrolló varios modelos de máquinas voladoras y barcos con un claro referente biológico. En épocas más recientes, por ejemplo, el inventor Percy Shaw creó en 1935 los reflectores de ojo de gato tras descubrir que estos felinos poseen un sistema de células que reflectan el más mínimo rayo de luz. Por su parte, el ingeniero suizo George de Mestral inventó en 1948 el velcro tras observar cómo los ganchos de las semillas se agarraban al pelo de su perro. En cualquier caso, el potencial de estos sistemas es enorme. Sin embargo al entrar a la era de "un mundo mejor a través de la biología y la química" se dejó de mirar a la naturaleza, como si fuéramos superiores, cambiar este enfoque requiere gran madurez de la raza humana para aceptar que la naturaleza sabe mucho más que nosotros.

El ser humano ha llegado a un punto crucial en su evolución, la población y nuestros hábitos no son sustentables. Se ha llegado al límite de tolerancia de la naturaleza y finalmente nos preguntamos ¿Cómo sobrevivir sin destruir el planeta?La sustentabilidad es un proceso dinámico que permite a todo individuo desarrollar su potencial y mejorar su calidad de vida en conductas que simultáneamente protegen y mejoran los sistemas que soportan la vida en la tierra. Por lo tanto la biomimética no se trata, estrictamente de una técnica. Ya que es mucho más que esto, y no obstante, es evidentemente una aplicación de la "técnica analógica"; es toda ella una gran analogía.

Como ya se dijo la Biomimética se basa en la observación y el conocimiento de la estructura, posibilidades y mecanismos de la naturaleza, de manera tal que se tenga en cuenta que:

- La naturaleza funciona con la luz solar.
- La naturaleza utiliza sólo la energía que necesita.
- La naturaleza se adapta a la forma para funcionar.
- La naturaleza recicla todo.

- La naturaleza premia la cooperación.
- La naturaleza tiene bancos en la diversidad.
- La naturaleza exige conocimientos especializados locales.
- La naturaleza frena los excesos en su interior.
- La naturaleza escucha el poder de los límites.

Efectivamente, los seres vivos tienen una enorme capacidad de:

- Adaptarse al medio,
- Perpetuarse,
- Aprendizaje,
- Autoorganización,
- Reconocimiento de posibilidades o situaciones,
- Autoreparación,

Evidentemente, sería ideal que en un grupo de trabajo se incluyeran miembros que fueran biólogos, ecólogos, ingenieros; en definitiva, científicos de la naturaleza. Como esto no siempre se da, se debe trabajar en equipo si queremos usar esta técnica. Las aplicaciones pueden ir desde el ámbito del perfeccionamiento o la invención de mecanismos "vivos" (robótica, por ejemplo) hasta los sistemas organizativos, dinámica de las empresas, supervivencia en el mercado, etc. ¿Qué haría la naturaleza?, esta es la pregunta clave en la cual se basa el concepto. Leonardo Da Vinci y Buckminster Fuller son dos de los mejores ejemplos de aplicación de una nueva metodología que ofrece a la ciencia, industria, gobierno e individuos; un nuevo acceso a la inteligencia de la naturaleza y a sus principios de diseño, Biomimética. El método está basado en tres principios:

- *La naturaleza como modelo:* Biomimética es una nueva ciencia que estudia los modelos de la naturaleza y luego los imita o toma inspiración de esos diseños y procesos para resolver los problemas humanos.

- *La naturaleza como mentor:* Biomimética usa un estándar ecológico para juzgar la certeza de nuestras innovaciones. Después de 3.8 billones de años de evolución, la naturaleza ha aprendido: lo que funciona, lo que es apropiado, lo que perdura.

- *La naturaleza como medida:* Biomimética es una nueva forma de ver y juzgar la naturaleza. Ella inicia una era basada no en qué podemos extraer del mundo natural, sino en qué podemos aprender de él.

Métodos

En la Figura 1.2 se presenta el diseño de espiral y una breve explicación de cada aspecto mostrado en la misma. Esta figura ha sido tomada por los científicos como punto de partida para llevar a cabo sus diseños basándose en modelos naturales.

Diseño de espiral

Los innovadores de todos los ámbitos de la vida, ingenieros, administradores, diseñadores, arquitectos, líderes de negocios y muchos más, pueden utilizar a la Biomimética como una herramienta para crear diseños más sustentables. El proceso de biomimétismo que consulta al genio de la vida, se describe en la espiral de diseño (Figura 1.2), la cual sirve como una guía de ayuda a los innovadores para emplear a la Biomimética para biologizar los desafíos, consultando el mundo natural en busca de inspiración, para garantizar que el diseño final imitará la naturaleza en todas las formas de niveles, de proceso y de ecosistemas.

Esta metodología no trae sabiduría de la naturaleza sólo para el diseño físico, sino también al proceso de fabricación, envasado, y todo el camino hasta el envío, distribución, y las decisiones de recuperación del producto. Se utiliza una espiral para subrayar el carácter reiterativo del proceso, es decir, después de resolver un desafío, entonces evaluar qué tan bien cumple con los principios de la vida, y si no resulta se plantea otro desafío, y el proceso de diseño comienza de nuevo. Por ejemplo, un innovador puede diseñar una turbina de viento que imita la racionalización de los principios de la vida, pero luego se puede preguntar ¿Cómo se fabrica? ¿El uso de energía y procesos químicos se pueden imitar de la naturaleza también? Todo esto se puede hacer, con otro ciclo a través del método de diseño.

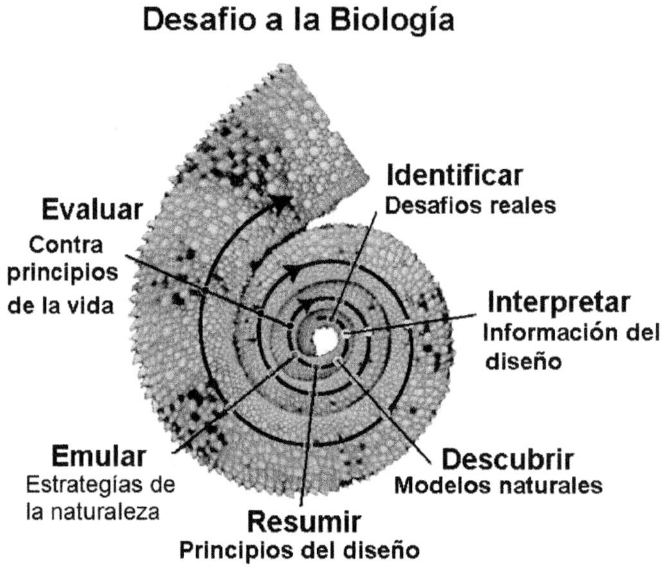

Figura 1.2. Diseño de espiral para imitar a la naturaleza.

Identificar

- Desarrollar y perfeccionar diseños basado en las lecciones aprendidas de la evaluación de los principios de la vida.
- La naturaleza trabaja con pequeños bancos de retroalimentación, en constante aprendizaje, adaptación y evolución.

Interpretar

- Biologuizar las preguntas; hacer un diseño desde una perspectiva natural
- Trasladar las funciones de diseño en funciones que desarrolla la naturaleza. Preguntar ¿Cómo la naturaleza hace esta función?, ¿Cómo la naturaleza no haría esta función?

Descubrir

- Encontrar los mejores modelos naturales para responder a nuestras preguntas.

- Encontrar a quienes mejor se adaptan mediante preguntas como; ¿qué ser vivo depende de esto?

Resumir

- Encontrar los procesos y patrones repetitivos con los que la naturaleza logra el éxito.

- Crear taxonomías de estrategias de la vida.

- Seleccionar las estrategias más relevantes que cumplan con su diseño particular.

Emular

- Desarrollar ideas y soluciones basadas en modelos naturales.

- Desarrollar conceptos e ideas que apliquen las lecciones dadas por los maestros naturales.

- Observar en las aplicaciones de estas lecciones tanto como sea posible. (forma de imitar, función imitada, ecosistemas imitados).

Evaluar

- Como tus ideas se comparan a los principios naturales exitosos de la vida.

- Evalúa tus soluciones de diseño comparándolas contra los principios de la vida.

- Identificar otras formas de mejorar tu diseño.

Ejemplos de aprovechamiento de algunas estrategias de la naturaleza

El traje de baño de la marca “Speedo” modelo Fastskin FSII, imita la piel del tiburón (Figura 1.3). El proceso de búsqueda y desarrollo empezó con un nuevo estudio del

Figura 1.3. A) Tiburón considerado como uno de los animales marinos más veloces y B) traje de baño cuyo material fue inspirado por la textura de la piel del tiburón.

tiburón, examinando la textura de su piel y el movimiento dentro el agua. El tiburón es una criatura que es rápida en el agua pero no hidrodinámica por naturaleza. Se atribuye la velocidad del tiburón a una piel con escamas con forma de V denominadas dentículos, que reducen la resistencia y las turbulencias alrededor de su cuerpo, permitiendo que el agua deslice alrededor del cuerpo del tiburón con mayor eficacia.

El estudio que se llevó a cabo por la firma Speedo en conjunto con el Museo de Historia Natural de Londres, llevó al descubrimiento que la forma y el tacto de los dentículos del tiburón varían a lo largo del cuerpo por optimizar el deslizamiento del agua. Debido a la resistencia que se produce cuando un objeto viaja por el agua, Fastskin está fabricado con aristas que emulan las escamas del tiburón, con unas partes más rugosas y otros más suaves que se van combinando. El modelo reduce la turbulencia y ayuda al nadador a desplazarse con más soltura porque corta la resistencia del agua.

El traje de baño tiene unas crestas de forma triangular alineadas en paralelo a la corriente (Figura 1.3 B), con lo que el agua sólo toca los vértices reduciendo el contacto entre el nadador y el agua. Este tipo de traje de baño fue utilizado por algunos nadadores en los juegos olímpicos que tuvieron lugar en la Ciudad de Atenas, Grecia en el año 2004. Posteriormente se prohibió su uso por la ventaja que implica el que lo usen nadadores provenientes de países con alto desarrollo tecnológico en comparación de nadadores provenientes de países menormente desarrollados.

Algunas de las mayores aplicaciones de la Biomimética se dan en el campo de los biomateriales, ya que se involucra la síntesis o reproducción de materiales naturales y su posterior aplicación en diseños prácticos. Hay muchos ejemplos de materiales en la naturaleza que presentan propiedades únicas de uso, además contar con una de las mayores ventajas como lo es el ser biodegradables. Asimismo, el empleo de altas temperaturas y químicos peligrosos normalmente utilizados en las construcciones hechas por el hombre, son usualmente innecesarias con las alternativas naturales.

La tela de araña (Figura 1.4) es uno de los biomateriales más admirables por su alta resistencia y bajo peso. Este material, es producido por una glándula especial que tienen las arañas en su cuerpo, con la ventaja como ya se dijo que es ligero y flexible, y si se comparará en cuanto a peso sería tres veces más resistente que el acero; uno de los materiales más resistentes hechos por el hombre, ya que se ha medido que la resistencia de los hilos de la tela de araña es de 1,154MPa mientras que la del acero es de tan solo 400MPa.

La tela de la araña está compuesta por dos tipos de seda, la seda circundante que forma las líneas y el marco de la red, y la seda viscosa que forma el pegamento que cubre toda la espiral. Así para un insecto volador que será capturado, la tela de la araña debe frenar su marcha mediante la absorción de su energía cinética. La fuerza que se requiere para detener el movimiento del insecto es inversamente proporcional a la distancia sobre la cual el movimiento debe ser detenido. Cuanto más larga sea la distancia para detener al insecto, menor será la fuerza necesaria para frenarlo y en consecuencia menor será el daño potencial que sufra la red.

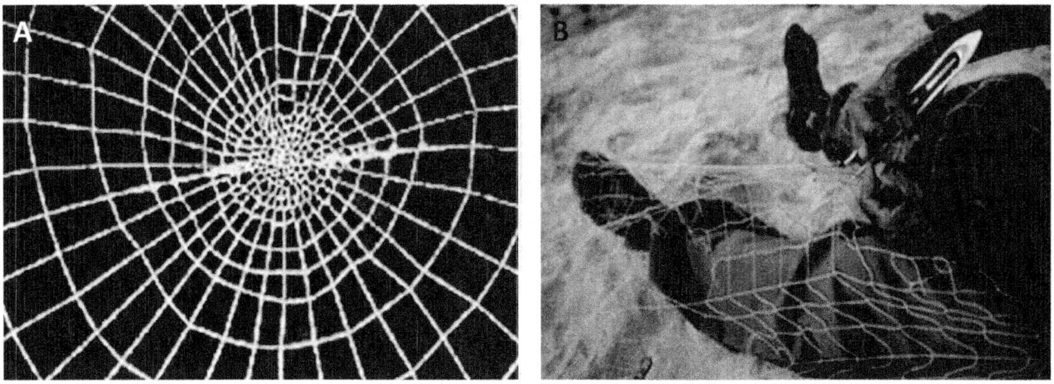

Figura 1.4. A) Tela de araña cuyo material con el que es construida es considerado como uno de los más resistentes del mundo y B) las redes de pescadores son construidas siguiendo el modelo de la tela de araña.

Una firma dedicada a la biotecnología en Québec llamada Nexia, Biotechnologies, ha obtenido exitosamente los genes de la seda de dos diferentes tipos de araña en leche transgénica de cabra, con lo cual se espera en un futuro no lejano poder fabricar seda de araña en cantidades suficientes para poder ser empleada en el levantamiento de algunas estructuras, de manera tal que se pudiera sustituir al acero (material que se corroe fácilmente) y al kevlar (material polimérico muy costoso, obtenido mediante procesos fuertemente contaminantes y cuyo reciclaje hoy en día es bastante complicado).

Finalmente, se puede decir que la Biomimética es una herramienta que ayuda en el diseño de procesos. En su actual representación permite a los diseñadores presentes y futuros un enfoque moderno basado en la antigua práctica de la imitación de la naturaleza. La Biomimética sigue los principios de la vida, los cuales instruyen a: construir de abajo hacia arriba, el autoensamble, optimizar en lugar de maximizar, usar la energía libre, aceptar la diversidad, adaptarse y evolucionar, usar procesos y materiales amigables de la vida, entablar relaciones simbióticas y mejorar la biosfera, considerar la basura como un recurso, diversificar para el completo aprovechamiento del hábitat, usar energía eficientemente, comprar localmente, mantener un equilibrio con la biosfera. Siguiendo los principios que utiliza la vida, se pueden crear productos y procesos que se adapten bien a la vida en la tierra.

Referencias

1. Janine M. Benyus, Biomimicry: Innovation Inspired by Nature, First ed, Harper Collins Publishers Inc., NY, 1998.

2. Kevin M. Passino, Biomimicry for Optimization, Control, and Automation, Springer-Verlag, London, UK, 2005.

3. M.A. Woodley, Synthetic Vegetation: An Ecosystem Prosthesis, *Int. J. Environ. Sci. Tech,* 2:4, 395-398, 2005.

4. Información en: http://www.economist.com/node/9719013, Borrowing from Nature. *The Economist.* Septiembre, 2007

5. Información en: http://architectureau.com/articles/ch2/, Morris-Nunn, Robert. CH2. *Architecture Australia*, vol. 96, pp. 90-99. Febrero, 2007.

CAPÍTULO 2

Sistemas artificiales inteligentes

Antecedentes

La naturaleza es tan diversa que al voltear a nuestro alrededor no se podríaterminar de contar todos esos aspectos o detalles que hacen tan particular a cada ser u objeto creado por la naturaleza misma. En ella se pueden encontrar seres vivos o inertes, pero cada uno de ellos se pueden estudiar y tratar de obtener las propiedades que lo hacen más eficiente que otros de acuerdo a las condiciones en las que se encuentran y la función que deben realizar. En este capítulo se analizarán los seres vivos, sin importar su especie, raza o género y se verá que todos tienen características comunes que les ha permitido sobrevivir y reproducirse durante muchas generaciones, lo cual es indicativo de que algo están haciendo bien o algo les ha estado funcionando. Como se ha dicho, la Biomimética busca el diseño de *sistemas artificiales* – por llamarlos así de algún modo – que puedan incorporar características de sistemas naturales que les ayuden a tener un mejor desempeño, y es por esto que volteamos a ver que pueden aportar los seres vivos. Retomando los principios básicos de diseño vistos en el capítulo de introducción, se observa la aportación de los seres vivos que permita mejorar el desempeño de los sistemas artificiales.

- *Identificar:* En cualquier ser vivo se pueden identificar tres aspectos básicos que les confiere cierta eficiencia o superioridad comparando individuos de una misma especie o entre diferentes especies. Primeramente se tiene como clave principal a la evolución, sin la cual ninguna especie hubiese sobrevivido en estos días. La evolución ha permitido que las especies se adapten a los diferentes entornos que le ha puesto la naturaleza. Las especies que no pueden evolucionar generalmente se considera que están destinadas a extinguirse. Por otro lado, la evolución se ha encargado de dotar a los seres vivos con un cerebro, mismo que dependiendo de diferentes factores como la especie, la alimentación o el entorno, cada ser vivo puede tener un cerebro más grande que otro. Se piensa que mientras más grande el cerebro mayor será la capacidad de procesar la información del entorno percibido por cada ser vivo. Y sin embargo, existe otro factor o característica muy importante que está relacionado directamente con el cerebro, que es precisamente el pensamiento o razonamiento. No solo basta un gran cerebro, también es necesario saber usarlo o que este tome las decisiones más adecuadas. El pensamiento o razonamiento no es exclusivo de una especie (la humana) como pensamos comúnmente que es. También los animales piensan y razonan, en distintos niveles pero lo hacen todo en función de la percepción que cada especie tiene de su entorno.

- *Interpretar:* En esta parte se busca diseñar al sistema artificial considerando integrar lo que la naturaleza podría proporcionar. En este caso en específico se trata de hacer una simbiosis entre evolución, cerebro y pensamiento. Con esto prácticamente se está diciendo que un sistema artificial será capaz de pensar o razonar y evolucionar este pensamiento, lo cual muchas veces se logra en base a experiencia, de la misma forma que lo hacen los seres vivos.

- *Descubrir:* Es necesario considerar primeramente como está formado el cerebro. Dentro de las diversas especies que existen en la naturaleza, hay que observar aquellos que mejor se adaptan a cambios en su entorno. De esas especies se tendrá que realizar un estudio de cómo está conformada la estructura de esos cerebros. Sabemos que cada cerebro cuenta con cierta cantidad de neuronas, pero lo más importante es el cómo se comunican entre ellas.

- *Resumir:* Una vez establecida la forma en que se estructurará el cerebro artificial, se debe dar paso a buscar la mejor forma de razonar, y si no es la mejor, si aquella que pueda adaptarse a los cambios impuestos por el entorno. Esto último tiene mucho que ver con la habilidad de adaptarse y poder evolucionar, y es así como hay que integrar un mecanismo que permita al cerebro no solo aprender a tomar decisiones, sino también a poder modificarlas. De los seres vivos conocidos se deberán elegir aquellos mecanismos de inferencia que han sido efectivos y que le han permitido a cierta especie evolucionar y prevalecer ante situaciones adversas.

- *Emular:* Esta parte del diseño será muy importante, ya que en base a las estructuras naturales observadas y a los recursos artificiales con los que se cuenta, se deberá plantear una solución que pueda integrar todas estas características y que puedan trabajar de forma sinérgica. Es en esta parte donde el diseñador estará frente al verdadero reto, poder dar forma al sistema artificial de tal forma que sea capaz de realizar las mismas funciones que el sistema natural. Al hablar de cerebros y neuronas, el diseñador debe ser capaz de crear un sistema artificial que cuente si no con los mismos recursos que un cerebro biológico, por lo menos que sean los necesarios para poder emular las funciones de este.

- Evaluar: Una vez creado el sistema artificial y que se observe su desempeño, se debe analizar que tan bien hace su función comparado con los sistemas biológicos emulados. Es recomendable analizar si falta algo para tener la mejor aproximación posible y de ser así, que faltase agregar algunas características más, será necesario rediseñar y reconfigurar al sistema artificial. En este caso, será de gran utilidad poder incorporar la capacidad de evolucionar y auto-reconfigurarse teniendo así un sistema artificial autónomo muy semejante a un sistema bilógico.

Las Redes Neuronales Artificiales (RNA), los Sistemas de Inferencia Difusos (SID) y los Algoritmos Evolutivos (AE) son tres paradigmas que han sido muy estudiados y que también se han aplicado con gran éxito en diversas áreas de ingeniería, a tal grado que podemos encontrar tanto investigaciones como productos para el hogar que utilizan estos paradigmas como base de su diseño (Figura 2.1). Las RNA son sistemas artificiales que emulan la estructura funcional del cerebro de los

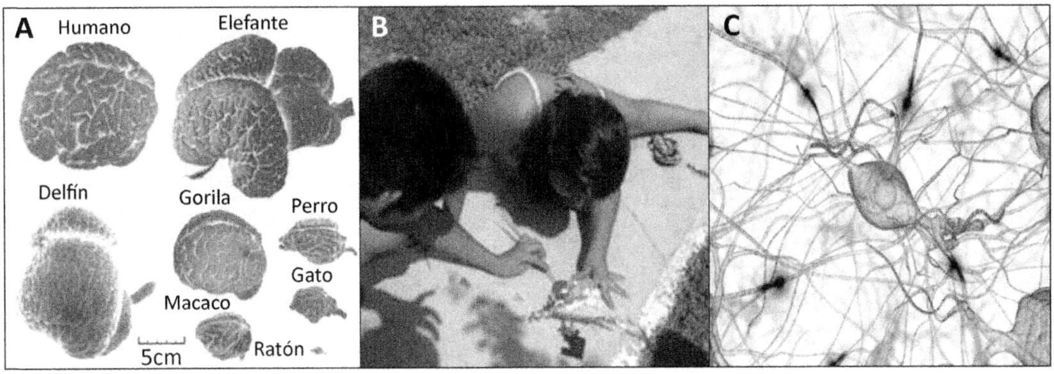

Figura 2.1. A) Imagen de cerebros de diferentes especies, B) evolución de ideas y pensamientos a través de la observación y el aprendizaje y C) simulación representativa de la imagen y funcionamiento de una red neuronal.

seres vivos, existiendo diferentes tipos de topologías o arquitecturas de RNA que van desde aquellas que cuentan con una sola neurona hasta las que cuentan con millones de neuronas emulando la complejidad de cerebros de seres vivos como una sanguijuela o un humano (Figura 2.1 C).

Los SID son sistemas artificiales que buscan emular el pensamiento o razonamiento de los seres vivos. De algún modo estos sistemas logran relacionar el conocimiento y experiencia de un ser vivo y lo integra al sistema artificial con el fin de que este pueda tomar decisiones de una forma más natural, es decir, de la forma en que lo hacen los seres vivos, tomando decisiones en base a su entorno. Por su parte los AE son un paradigma que como su nombre lo indica, toman como modelo la forma en que evolucionan las especies (Figura 2.2). El objetivo de los AE es encontrar una solución óptima o apropiada para un determinado problema en base a la evolución de soluciones previas. Es decir, en base a una solución podemos generar y probar diferentes alternativas de las cuales solo las más aptas o apropiadas sobrevivirán para ser utilizadas en la generación de mejores soluciones. En este capítulo se abordarán los tres paradigmas antes mencionados por separado para comprender la forma en que son emulados y posteriormente mostrar cómo es posible crear una sinergia entre ellos, creando sistemas artificiales más robustos y adaptables.

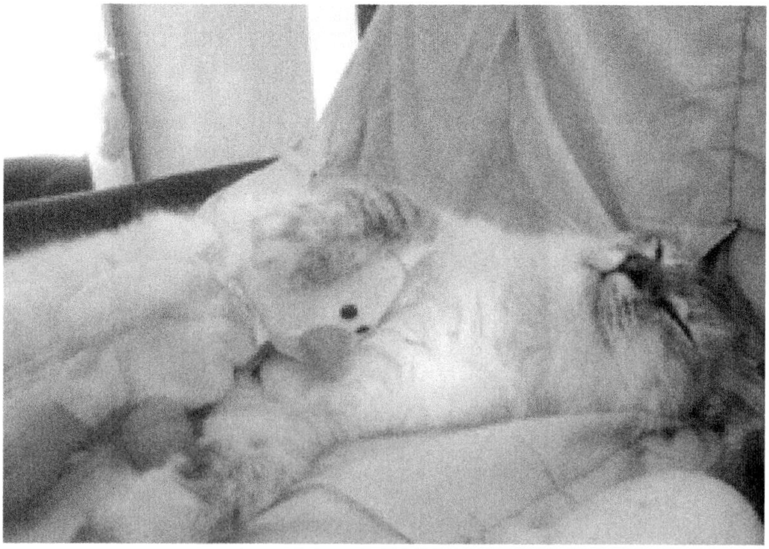

Figura 2.2. El gato es una especie que ha evolucionado e incluso se ha adaptado a una vida doméstica al lado de hombre.

Redes neuronales artificiales

En la naturaleza podemos encontrar una gran variedad de seres vivos, mismos que pueden tener una complejidad celular muy baja o muy alta. Se puede encontrar desde organismos unicelulares como las bacterias, hasta organismos muy complejos como los humanos o los cetáceos, donde cada una de estas especies ha logrado adaptarse y perpetuarse a través del tiempo. Dependiendo de la complejidad de la estructura orgánica de cada especie, estas tendrán mayor o menor capacidad de realizar sus funciones biológicas incluyendo aquellas como comer, respirar, reproducirse, etc. Para que cada función sea ejecutada de forma correcta, ya sea individualmente o en conjunto con otras, es necesario que exista un cerebro que las coordine e indique que se ejecuten. Por ejemplo la Caenorhabditis Elegans, un gusano nematodo, posee solo unos cientos de neuronas[1] mientras que sabemos que el humano y otras especies animales también complejas cuentan con millones de neuronas[2]. Sin embargo, se iniciará el análisis de las redes comprendiendo a la celda básica de la cual se conforman todas las redes, la neurona.

Neurona artificial

El elemento clave y básico para crear un cerebro o red neuronal es la neurona. En la Figura 2.3 se muestra la anatomía bilógica de tres tipos básicos de neurona.

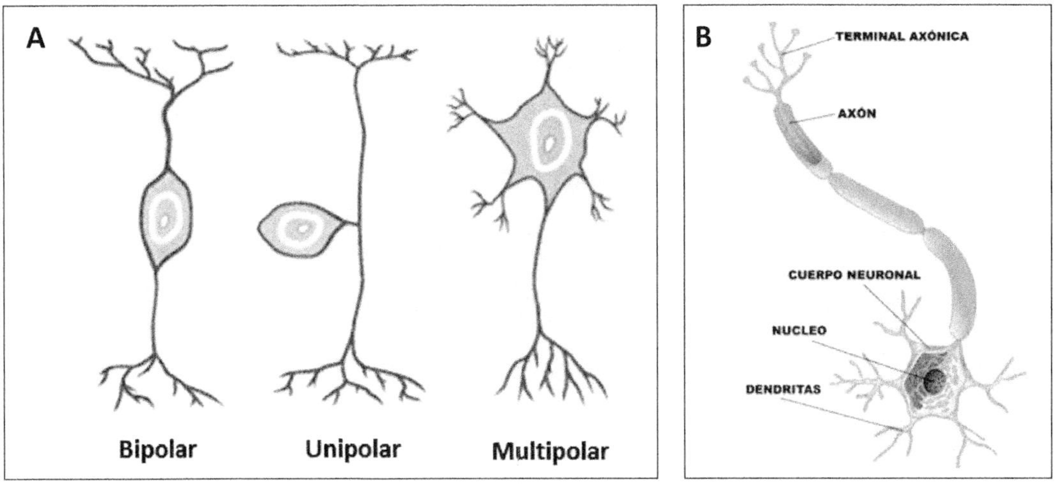

Figura 2.3. A) Tipos básicos de neuronas que van desde la bipolar hasta la multipolar y B) esquema donde se muestra las partes principales de una neurona.

Las neuronas llamadas bipolares son aquellas que generalmente forman parte de la red y sirven de conexión entre otras neuronas, las llamadas unipolares las encontramos asociadas al sistema sensorial mientras que las multipolares las encontramos asociadas al tejido muscular motriz, siendo esta última la más utilizada como base para crear modelos artificiales de una neurona. En la Figura 2.3 B se muestran las partes básicas de una neurona. Las dendritas son la parte receptiva de la neurona, es ahí donde llegan las señales provenientes de los sistemas sensoriales o de las demás neuronas que forman parte del cerebro o red.

Una vez recopiladas las señales, estas son procesadas dentro del cuerpo neuronal siendo el núcleo el encargado procesar las señales en conjunto y generar una señal o estímulo de activación o inhibición. Esta señal viaja a través del axón y en sus terminales es transmitida hacia las dendritas de otras neuronas o hacia la parte del cuerpo que ejecutará la acción. En la Figura 2.4 se muestra el modelo artificial de una neurona donde los círculos azules representan a las dendritas que reciben las señales de entrada $x_1, x_2, \dots, x_n$ y el círculo rojo representa al núcleo, la flecha que sale del círculo rojo representa al axón.

También se incluyen en el modelo los denominados pesos sinápticos $w_0, w_1, \dots, w_n$. Los pesos sinápticos emulan el proceso biológico realizado cuando se transmite una señal de una neurona a otra (sinapsis). Estos pesos son ajustados para atenuar o amplificar el impulso entrante, teniendo en cuenta que el ajuste de los pesos se realiza mediante algún proceso de aprendizaje que le dice a la red como debe reaccionar ante ciertas circunstancias en base a las señales percibidas.

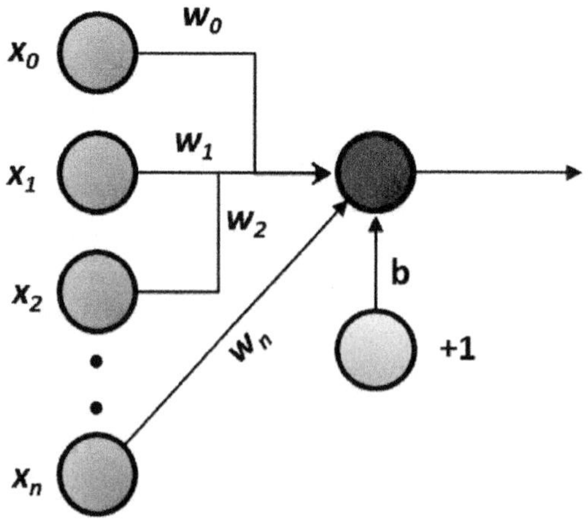

Figura 2.4. Modelo artificial de una neurona.

El círculo gris, si bien no representa explícitamente una parte de la neurona biológica al igual que los pesos sinápticos, está ahí para representar cierto umbral que hay que rebasar para poder activar una función. Por ejemplo, imagine una plancha a una temperatura relativamente elevada. Si una persona toca la plancha con la palma de su mano, el calor percibido por los nervios asociados a la piel que están haciendo contacto con la plancha caliente, emitirán una serie de estímulos hacia las neuronas asociadas para que determinen la acción de retirar o no la mano del objeto. El retirar o no la mano dependerá de lo que conocemos como umbral del dolor, el cual puede tener distintos niveles de acuerdo al individuo que estemos observando. Si los estímulos enviados por los nervios al ser procesados no rebasan el umbral de dolor de la persona, el cerebro emitirá una señal de inhibición para que el brazo no se mueva y tampoco se retire la mano de la plancha, caso contrario puede emitir una señal de activación para retirar el brazo y no continuar sintiendo el dolor de quemarse la mano. Este tipo de umbral es el que se representa en el modelo artificial utilizando el circulo gris y el peso sináptico *b* de la Figura 2.4.

Arquitecturas y aprendizaje

Una sola neurona puede aplicarse exitosamente a problemas donde se necesite inferir una acción que dependa del cumplimiento o no de una sola condición o que se cumplan dos condiciones simultáneamente, es decir, pueden inferiracciones considerando una conjunción o una disyunción. Problemas de mayor complejidad requieren de sistemas neuronales más complejos. De acuerdo al tipo de conexión existente entre las neuronas de la red podemos clasificar las redes en los siguientes dos tipos:

- *Redes de trayectoria directa:* donde el flujo de datos va estrictamente hacia adelante desde las entradas hasta las salidas como se muestra en la Figura 2.5 A.

- *Redes Recurrentes:* donde existen conexiones de retroalimentación. Contrario a las redes de trayectoria directa, estas cuentan con propiedades dinámicas muy importantes. En algunos casos los valores de activación de las celdas unitarias entran en un proceso de relajación tal que la red evolucionará hasta llegar a un estado estable en el cual los valores de activación no cambiarán más. En otras aplicaciones, el cambio de los valores de activación de las neuronas de salida es significativo, de tal forma que ese comportamiento dinámico constituye la salida de la red. Este tipo de arquitectura se muestra en la Figura 2.5 B donde se observa que es posible crear una infinidad de redes.

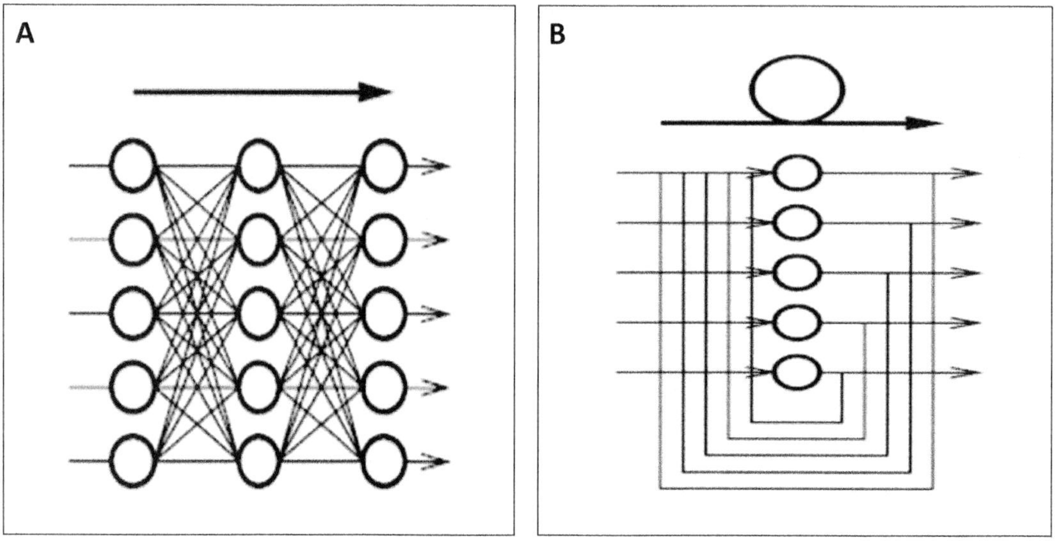

Figura 2.5. A) Red de trayectoria directa y B) recurrente.

Algunas contarán con más neuronas que otras o existirán más conexiones entre neuronas en unas redes que en otras de acuerdo a las necesidades del problema, lo cual lleva a cuestionar cual se debe elegir para resolver el problema presente. Esta decisión no es tan simple, también hay que tomar en cuenta el modo en que esperamos que la red neuronal aprenda las tareas a realizar.

Básicamente existen dos modos de aprendizaje:

- *Supervisado o asociativo (aprendizaje basado en ejemplos):* la red es entrenada aplicando pares de patrones que incluyen las salidas deseadas para las entradas especificadas. Estos pares de patrones pueden ser provistos por un agente externo o por el sistema que contiene a la red (auto-supervisada).

- *Sin supervisión o auto-organizado (aprendizaje basado en descubrimiento):* una unidad de salida es entrenada para responder a agrupaciones de patrones dentro de las entradas. En este paradigma, se supone que el sistema descubrirá iterativamente las características principales de la población de entrada. Contrario al paradigma del aprendizaje supervisado, no hay un conjunto de categorías a priori dentro de los cuales los patrones son clasificados; más bien el sistema debe desarrollar su propia representación de los estímulos de entrada.

El éxito de estos sistemas permitió el desarrollo de diversas aplicaciones. Tal es el caso de los sistemas de reconocimiento de patrones, donde estos sistemas son entrenados para poder reconocer, identificar o discriminar objetos que reúnan ciertas características. El reconocimiento de patrones ha sido empleado ampliamente tanto en áreas de investigación como en la vida diaria, por ejemplo para reconocer la calidad de un fruto dependiendo de su apariencia física o la detección de patologías en base al análisis de imágenes o audio[3].

Sistemas de inferencia difusos

El uso de la teoría de conjuntos difusos o lógica difusa en sistemas de control ha estado ganando gran popularidad en todo el mundo, especialmente en países orientales. Desde mediados de los años 80s, los científicos japoneses han trabajado en transformar la teoría de la lógica difusa en una herramienta cotidiana como lo es el pensamiento. Hoy en día, los sistemas de control basados en lógica difusa o simplemente controladores de lógica difusa (CLD), pueden encontrarse en una creciente cantidad de productos, desde máquinas de lavado hasta lanchas o desde unidades de aire acondicionado hasta cámaras de bolsillo con auto-enfoque.

Controladores Difusos

El éxito de los CLD se debe principalmente a su habilidad para trabajar con conocimiento representado de forma lingüística en lugar de representaciones matemáticas convencionales. Los ingenieros en control tradicionalmente han dependido de modelos matemáticos para realizar sus diseños. No obstante, mientras más complejo sea el modelo matemático, menos efectivo será el procesamiento de los datos. Este es el concepto fundamental que provee motivación al desarrollo de la lógica difusa formulada por Lofti Zadeh[4]. Los problemas del mundo real pueden ser extremadamente complejos y los sistemas complejos son inherentemente difusos. La principal ventaja de los CLD es su habilidad de integrar la experiencia, la intuición y la percepción dentro de un mismo sistema en vez de atenerse a modelos meramente matemáticos. Esto los hace más efectivos en aplicaciones donde los modelos existentes no están bien definidos y no son factibles. Zadeh propuso las operaciones de conjuntos difusos como una extensión de las operaciones clásicas como se muestra en la Figura 2.6.

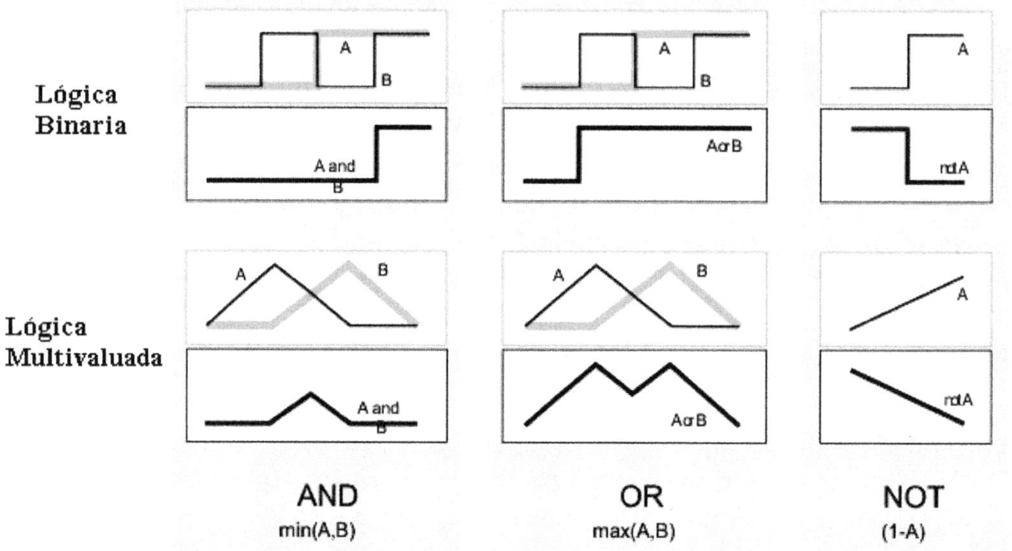

Figura 2.6. Funciones difusas.

Estas definiciones forman la base de la teoría de la lógica difusa básica. La relación entre un elemento en el universo de discurso y un conjunto difuso está definida por su función de membresía. La naturaleza exacta de la relación depende de la forma o figura de la función de membresía utilizada.

En la Figura 2.7 se muestran algunas de las funciones más utilizadas dada su simplicidad matemática. Una variable convencional es numérica y precisa, no es capaz de soportar la vaguedad de la teoría de conjuntos difusos. Por definición una variable lingüística está hecha de palabras, sentencias o lenguaje natural y que son menos precisas que los números. Esto constituye un modo para aproximar la caracterización de fenómenos complejos o no completamente definidos. Por ejemplo, "EDAD" es una variable lingüística cuyos valores pueden ser los conjuntos difusos "JOVEN" y "VIEJO". Un ejemplo más común se presenta en el control difuso donde se tiene la variable lingüística "ERROR", la cual puede tener los valores lingüísticos "POSITIVO", "CERO" y "NEGATIVO". Hasta aquí se ha analizado la base del pensamiento difuso. Ahora se mostrará cómo es posible utilizar este tipo de razonamiento para controlar el mundo real y procesar los datos provenientes de la percepción de este.

Un Sistema de Inferencia Difuso (SID) es una herramienta de cómputo popular basada en los conceptos de la teoría de conjuntos difusos, reglas si-entonces

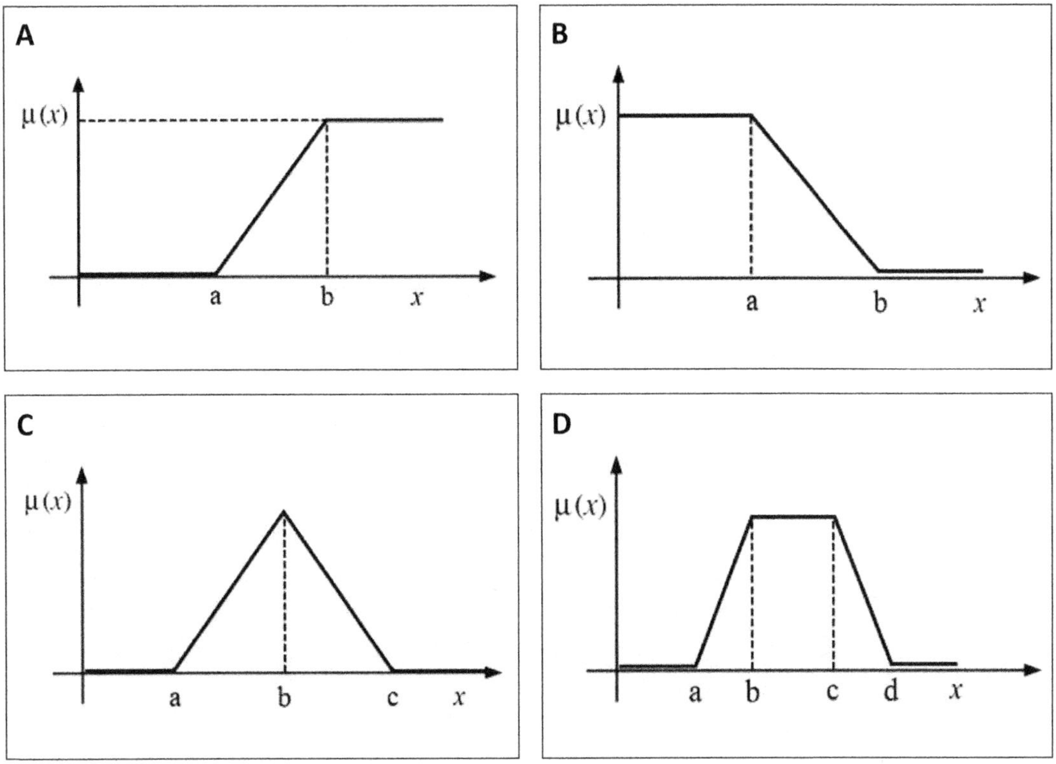

Figura 2.7. A) Funciones de membresía tipo "S", B) funciones de membresía tipo "Z", C) funciones de membresía tipo triangular y D) funciones de membresía tipo trapezoidal.

difusas y razonamiento difuso, y que ha encontrado aplicaciones exitosas en una amplia variedad de campos de aplicación, tales como control automático, clasificación de datos, análisis de decisiones, sistemas expertos, predicción de series de tiempo, robótica y reconocimiento de patrones. Debido a su naturaleza multidisciplinaria, los sistemas de inferencia difusa son conocidos por muchos nombres, tales como sistemas basados en reglas difusas, sistemas expertos difusos[5], modelo difuso[6], memoria asociativa difusa[7], control lógico difuso[8] y/o simplemente sistema difuso.

La estructura básica de un SID consiste de tres componentes conceptuales: una *base de reglas*, la cual contiene una selección de reglas difusas; una *base de datos* (o diccionario), la cual define las funciones de membresía utilizadas en las reglas difusas; y un mecanismo de razonamiento, el cual realiza el procedimiento de inferencia considerando las reglas y los hechos para proporcionar una conclusión o salida razonable. Se debe notar que el SID básico puede tomar valores de

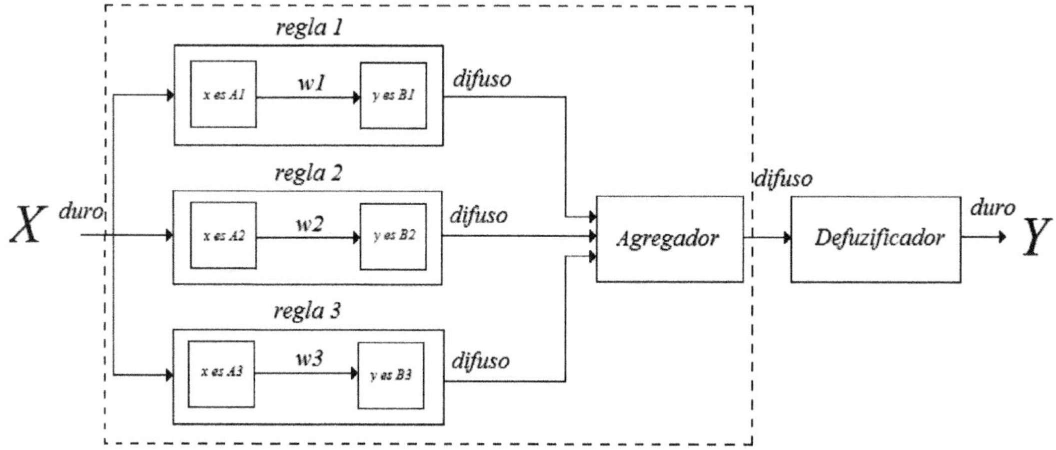

Figura 2.8. Sistema de Inferencia Difuso.

entrada tanto difusos como duros, pero las salidas que este produce son siempre conjuntos difusos. A veces es necesario obtener una salida dura, especialmente en una situación donde el SID es utilizado como un controlador. Es por esto que se necesita un proceso a veces llamado de defuzificación para obtener un valor duro que represente de la mejor manera a un conjunto difuso como se muestra en la Figura 2.8.

Tipos de SID

Se pueden considerar tres tipos de SID de acuerdo al modo en que defuzifican los datos procesados. El sistema de inferencia Mamdani fue propuesto como un primer intento de controlar una máquina de caldera y pistón de combinación mediante reglas de control lingüísticas obtenidas de operadores humanos experimentados. En la aplicación de Mamdani, se utilizaron dos SID como controladores para generar el calor de entrada a la caldera y controlar la abertura de la maquinaria del cilindro respectivamente, para regular la presión de vapor en la caldera y la velocidad de la maquinaria. Ya que la planta solo toma valores duros, es necesario utilizar un desdifusor. Cuando se habla de desdifución se refiere a la forma en que un valor duro es extraído de un conjunto difuso como un valor representativo. En general, hay cinco métodos para defuzificar un conjunto difuso A de un universo de discurso Z: el más grande de los máximos, el más pequeño de los máximos, la media de los máximos, bisector de área y centroide de área, siendo este último el más utilizado en la práctica.

El sistema de inferencia Sugeno (también conocido como modelo difuso TSK) fue propuesto por Takagi, Sugeno y Kang en un esfuerzo por desarrollar una aproximación sistemática para generar reglas difusas a partir de un conjunto de datos de entrada y salida dados. Una regla difusa típica en un modelo Sugeno tiene la forma:

$$\textbf{SI}\ x \text{ es } A \text{ e } y \text{ es } B\ \textbf{ENTONCES}\ z = f(x,y) \qquad (2.1)$$

Donde A y B son conjunto difusos, mientras que $z = f(x,y)$ es una función dura (matemática). Usualmente $f(x,y)$ es un polinomio de las variable x y y, pero esta puede ser cualquier función siempre y cuando pueda describir apropiadamente la salida del modelo dentro de la región difusa especificada por el antecedente de la regla.

En el sistema de inferencia Tsukamoto, el consecuente de cada regla SI – ENTONCES difusa es representada por un conjunto difuso con una función de membresía monotónica. Como resultado, la salida inferida de cada regla es definida como un valor duro inducido por la activación directa de la regla. La salida total se toma como el promedio ponderado de la salida de cada regla. Ya que cada regla infiere una salida dura, este modelo agrega cada salida de las reglas mediante el método de promedio ponderado y así evita el consumo de tiempo debido al proceso de desdifución. Aun así, los modelos Tsukamoto no son de uso común debido a que no son tan transparentes como los modelos Mamdani o Sugeno.

Algoritmos Evolutivos

Los Algoritmos Evolutivos (AE) son métodos estocásticos que se han aplicado satisfactoriamente en muchos problemas de búsqueda, optimización y aprendizaje en máquinas. Estos métodos emulan el proceso evolutivo de los seres vivos. Es decir, sobre la base de una población $P(t)$ de N individuos o posibles soluciones, genera y evoluciona a nuevas poblaciones mediante algún método de reproducción. La solución óptima se encuentra mediante algún mecanismo de evaluación y selección. Los individuos o soluciones generalmente son llamados cromosomas C. En ellos se encuentran codificados todos los parámetros que afectan al comportamiento del problema a optimizar, donde cada parámetro o variable es denominado como gen. La estructura general de estos algoritmos es la que se muestra a continuación:

```
t = 0;
inicilización(P(t));
while(solución no satisfactoria)
    P´(t) = reproducción(P(t));
    evaluación(P´(t));
    P(t + 1) = selección(P(t), P´(t));
    t = t + 1;
end while;
```

Una representación gráfica de estos términos se muestra en la Figura 2.9. La codificación de estos parámetros puede ser utilizando códigos binarios o utilizando valores numéricos reales. La evaluación de estas poblaciones normalmente se realiza utilizando una función de error o costo. El resultado de esta evaluación no solo sirve para determinar cuál es la mejor solución encontrada, sino también se puede utilizar para implementar algún método de reproducción basado en elitismo.

x_1	x_2	X_3	...	x_n	C_i	
0000	0101	1111	...	1101	C_1	Binario
0100	1000	0001	...	1010	C_2	
...	...	...	...	...	...	
0010	1101	0110	...	1001	C_N	
0.836	0.123	0.057	...	0.999	C_1	Real
0.295	0.106	1.00	...	0.386	C_2	
...	...	...	...	...	...	
0.234	0.111	0.001	...	0.981	C_N	

Figura 2.9. Representación genética del problema.

Otro mecanismo es el de reproducción sexual o de cruza, donde se intercambia información entre cromosomas padres y se heredan a los hijos. Por otro lado, al igual que todo proceso evolutivo, también se tiene un mecanismo de mutación. Este mecanismo altera la información de alguno o algunos de los genes de cada cromosoma para crear nuevas poblaciones.

Por último, la evaluación se realiza con una función de costo o función de aptitud. Dicha función evalúa a cada uno de los cromosomas en cada generación con el fin de determinar que individuo es el más apto para transmitir su información o sus genes a las siguientes poblaciones. Esta función tampoco está predeterminada, el diseñador puede optar por cualquier función que necesite o se adapte a sus necesidades. Sin embargo, siempre se recomienda que la función esté formulada de tal modo que las malas soluciones sean penalizadas severamente arrojando valores muy bajos de aptitud, mientras que a las soluciones muy buenas se les otorgue un valor de aptitud muy cercana o igual al máximo valor de aptitud que se pueda alcanzar. Los AE pueden clasificarse también de acuerdo al tipo de operadores de reproducción y el número de cromosomas por población que utilicen. Existen tres principales categorías: Estrategias Evolutivas (EE), Algoritmos Genéticos (AG) y Programación Evolutiva (PE)[8-11].

Estrategias Evolutivas

Las estrategias evolutivas fueron desarrolladas en 1964 en Alemania para resolver problemas hidrodinámicos de alto grado de complejidad por un grupo de estudiantes de ingeniería encabezado por Ingo Rechenberg[11]. La versión original (1 + 1)-EE usaba un solo padre y con él se generaba un solo hijo. Este hijo se mantenía si era mejor que el padre, o de lo contrario se eliminaba (a este tipo de selección se le llama *extintiva*, porque los peores individuos obtienen una probabilidad de ser seleccionado de cero). Rechenberg introdujo el concepto de población, al proponer una estrategia evolutiva llamada (μ + 1)-EE, en la cual hay μ padres y se genera un solo hijo, el cual puede reemplazar al peor padre de la población (selección extintiva). Schwefel[12-14] introdujo el uso de múltiples hijos en las denominadas ($\mu + \lambda$)-EE's y (μ,λ)-EE's, donde en el primer caso, los μmejores individuos obtenidos de la unión de padres e hijos sobreviven mientras que en el segundo caso, sólo los μmejores hijos de la siguiente generación sobreviven. En las estrategias evolutivas se evoluciona no sólo a las variables del problema, sino también a los parámetros mismos de la técnica. A esto se le llama *auto-adaptación*. Los operadores de recombinación de las estrategias evolutivas pueden ser:

- *Sexuales:* el operador actúa sobre 2 individuos elegidos aleatoriamente de la población de padres.

- *Panmíticos:* se elige un solo padre al azar, y se mantiene fijo mientras se elige al azar un segundo padre (de entre toda la población) para cada componente de sus vectores.

Las estrategias evolutivas simulan el proceso evolutivo al nivel de los individuos, por lo que la recombinación es posible. Asimismo, usan normalmente selección determinística.

Algoritmos Genéticos

Los algoritmos genéticos (denominados originalmente "planes reproductivos genéticos") fueron desarrollados por John H. Holland a principios de los 1960s[15], motivado por resolver problemas de aprendizaje de máquina. El algoritmo genético enfatiza la importancia de la cruza sexual (operador principal) sobre el de la mutación (operador secundario), y usa selección probabilística. La representación tradicional es la binaria, tal y como se ejemplifica en la Figura 2.10. A la cadena binaria se le llama cromosoma. Una o más posiciones de la cadena son denominadas como gen y al valor dentro de esta posición se le llama alelo. Cada uno de los genes es la codificación de un parámetro del sistema modelado, que a su vez es el genotipo que corresponde a una solución del problema (fenotipo).

El AG usa selección probabilística al igual que la Programación Evolutiva, y en contraposición a la selección determinística de las Estrategias Evolutivas. El AG usa representación binaria para codificar las soluciones a un problema, por lo cual se evoluciona el genotipo y no el fenotipo como en la Programación Evolutiva o las Estrategias Evolutivas. El operador principal en el AG es la cruza, y la mutación es un operador secundario. En la Programación Evolutiva, no hay cruza y en las Estrategias Evolutivas es un

1	1	0	1	1	0	0	0	1	0	0	1	1	0	1	0
cadena1				cadena2				cadena3				cadena4			

Figura 2.10. Codificación en los AG.

operador secundario. Ha sido demostrado[15] que el AG requiere de elitismo (o sea, retener intacto al mejor individuo de cada generación) para poder converger al óptimo. Los AG no son, normalmente, auto-adaptables, aunque el uso de dicho mecanismo es posible, y ha sido explorado extensivamente en la literatura especializada[16,17].

Programación Evolutiva

Lawrence J. Fogel propuso en los 60s una técnica denominada programación evolutiva, en la cual la inteligencia se ve como un mecanismo de adaptación[18-19]. La programación evolutiva enfatiza los nexos de comportamiento entre padres e hijos, en vez de buscar emular operadores genéticos específicos (como en el caso de los algoritmos genéticos). La programación evolutiva es una abstracción de la evolución al nivel de las especies, por lo que no se requiere el uso de un operador de recombinación (diferentes especies no se pueden cruzar entre sí). Asimismo, usa selección probabilística.

Aplicaciones

Como se ha visto, la naturaleza ha provisto a los seres vivos de grandes capacidades y el hombre se ha encargado de incorporarlas a sistemas artificiales que vemos cotidianamente a nuestro alrededor (Figura 2.11).

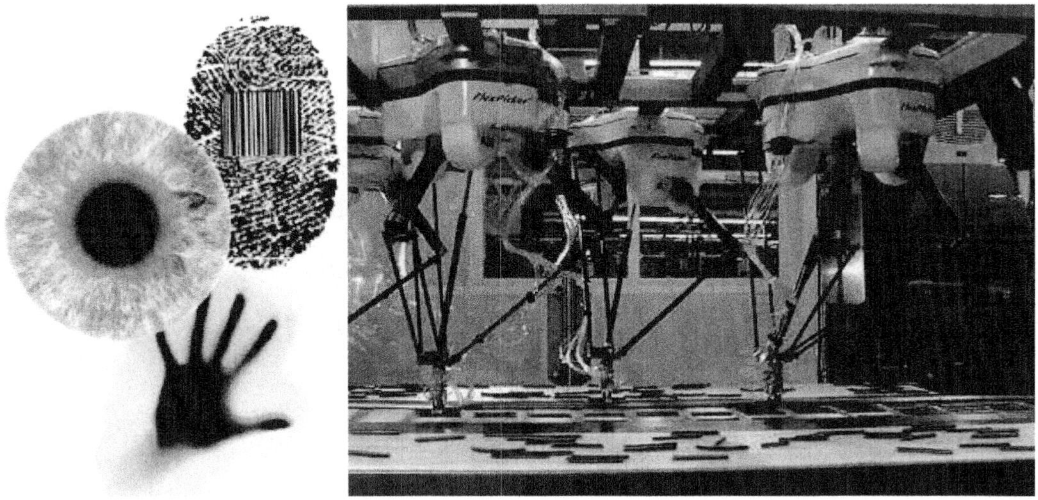

Figura 2.11. Aplicaciones del reconocimiento de patrones utilizando redes neuronales artificiales.

Como se mostró en la Figura 2.11, las redes neuronales artificiales se han aplicado en el campo de reconocimiento de patrones desarrollándose aplicaciones que van desde el reconocimiento de personas mediante la retina o huellas dactilares, hasta aplicaciones industriales donde se seleccionan productos en base a la calidad observada en su apariencia. Estos sistemas deben ser entrenados para poder reconocer las características que se pretenden filtrar.

De igual forma, los sistemas de inferencia difusos han pasado a formar parte de la vida diaria de las personas. Las aplicaciones de la lógica difusa han tenido gran impacto en aplicaciones del hogar, donde una muestra clara de esto son las lavadoras automatizadas. No obstante, también podemos observar aplicaciones como el control del sistema de navegación de trenes (Figura 2.12). En ambos casos, se recopiló el conocimiento experto de las personas que lavan o conducen trenes y se integraron a estas máquinas para realizar las tareas como si fueran realizadas por personal humano.

En el caso de los algoritmos evolutivos las aplicaciones se han enfocado a problemas de optimización. En muchos de los casos se ha hecho uso de estos algoritmos en una etapa de diseño, obteniendo un máximo rendimiento en el sistema resultante. Como se mencionó al principio del capítulo, el objetivo es obtener una sinergia entre este tipo de sistemas artificiales. Esto se ha logrado al utilizar los Algoritmos Evolutivos en el diseño de sistemas Neuro-Difusos, donde se adoptan las complejas estructuras de las redes neuronales y se integran de forma óptima con la representación difusa del conocimiento experto. En el campo de la investigación

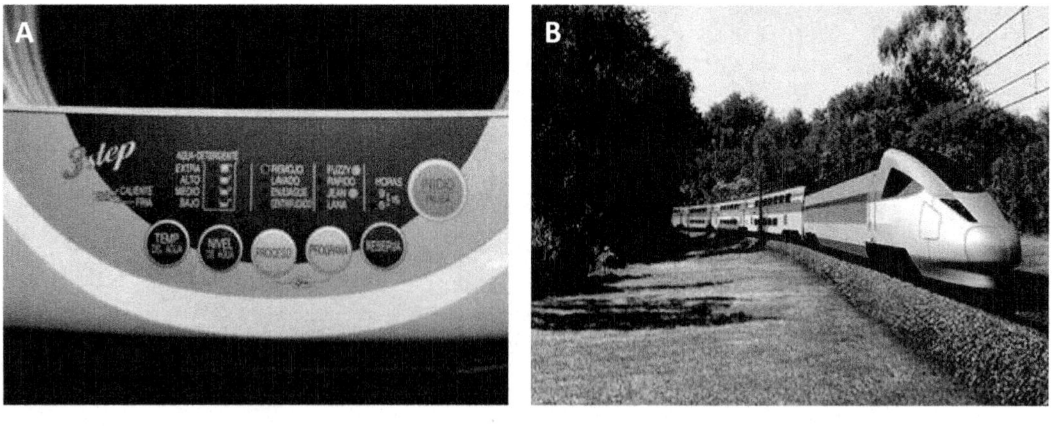

Figura 2.12. Aplicaciones de los sistemas de inferencia difusa. A) control de una lavadora y B) sistema de navegacióndе un tren moderno.

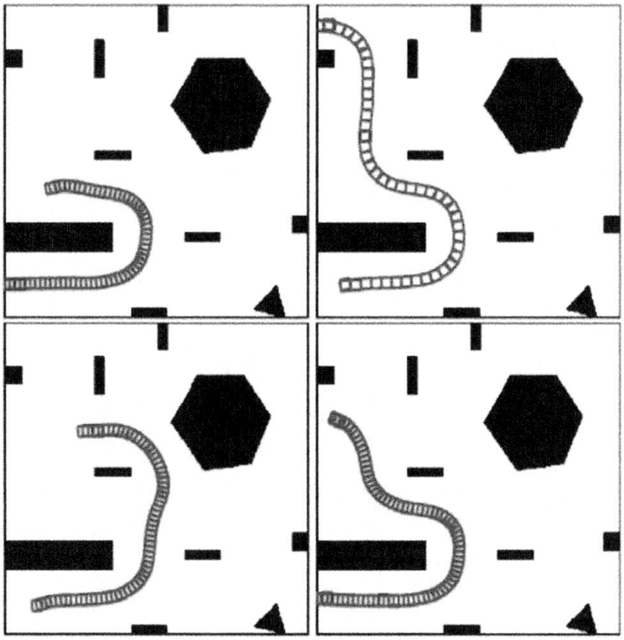

Figura 2.13. Selección de una trayectoria óptima mediante Algoritmos Evolutivos.

ha resultado útil en los sistemas de navegación de robots que deben calcular la mejor trayectoria a seguir. Un ejemplo de ello se presenta en la Figura 2.13.

Referencias

1. Chris Li, Kyuhyung Kim and Laura S. Nelson. FMRFamide-related neuropeptide gene family in Caenorhabditis elegans. *Brain Research,* vol. 848, Issues 1-2, pp. 26-34, 27 November 1999.

2. Williams, R and Herrup, K (2001). The Control of Neuron Number. *The Annual Review of Neuroscience,* 11, pp. 423-453, 1988.

3. S. Haykin. Neural Networks: A Comprehensive Foundation. Upper Saddle River, NJ, USA: Prentice Hall PTR, 1998.

4. L.A. Zadeh. Fuzzy Sets. *Information and Control,* vol. 8, pp. 338-353, 1965.

5. A. Kandel. Fuzzy expert systems. CRC Press, Inc., Boca Raton, FL, 1992.

6. M. Sugeno, G. T. Kang. Structure identification of fuzzy model. *Fuzzy Sets and Systems,* vol. 28, pp. 15-33, 1988.

7. B. Kosko. Neural networks and fuzzy systems: a dynamical systems approach. Prentice Hall, Upper Saddle River, NJ, 1991.

8. E. H. Mamdani, S. Assilian. An experiment in linguistic synthesis with a fuzzy logic controller. *Inter. Journal of Man-Machine Studies,* vol. 7A, pp. 1-13, 1975. http://dx.doi.org/10.1016/S0020-7373(75)80002-2

9. C.A. Coello. Introducción a la Computación Evolutiva. Notas de Curso, LANIA, México, 2000.

10. Z. Michalewicz. Genetic Algorithms + Data Structures = Evolution Programs. New York, New York: Springer, 1996. http://dx.doi.org/10.1007/978-3-662-03315-9

11. L. David. Handbook of Genetic Algorithms. New York, New York: Van Nostrand Reinhold, 1991.

12. Ingo Rechenberg. Evolutionsstrategie: Optimierung technischer Systeme nach Prinzipien der biologischen Evolution. Frommann-Holzboog, Stuttgart, Alemania, 1973.

13. Hans-Paul Schwefel. Numerische Optimierung von Computer-Modellen mittels der Evolutionsstrategie. Birkh¨auser, Basel, Alemania, 1977.

14. Hans-Paul Schwefel. Numerical Optimization of Computer Models. Wiley, Chichester, UK, 1981.

15. John H. Holland. Concerning efficient adaptive systems. En M.C. Yovits, G.T. Jacobi, G.D. Goldstein, Self-Organizing Systems - 1962, pp. 215-230. Spartan Books, Washington, D.C., 1962.

16. Günter Rudolph. Convergence Analysis of Canonical Genetic Algorithms. *IEEE Transactions on Neural Networks,* vol. 5, pp. 96-101, 1994.

17. J. David Schaffer, AmyMorishima. An Adaptive Crossover Distribution Mechanism for Genetic Algorithms. En John J. Grefenstette, Genetic Algorithms and

Their Applications: Proceedings of the Second International Conference on Genetic Algorithms, pp. 36-40. Lawrence Erlbaum Associates, Hillsdale, New Jersey, 1987.

18. Lawrence Davis. Adapting Operator Probabilities In Genetic Algorithms. En J. David Schaffer, Proceedings of the Third International Conference on Genetic Algorithms, pp. 61-69, San Mateo, California, 1989. Morgan Kaufmann Publishers.

19. Lawrence J. Fogel. Artificial Intelligence through Simulated Evolution. JohnWiley, New York, 1966.

CAPÍTULO 3

Sistemas robóticos bioinspirados

Antecedentes

El reino animal, permite obtener muchas ideas para encontrar una cantidad vasta de soluciones a problemas típicos de los seres humanos; algunos ejemplos son la visión nocturna, el movimiento o traslado en lugares de difícil acceso, adaptar la apariencia de su entorno, etc.

Por otro lado, muchas máquinas caminadoras y escaladoras han sido diseñadas y desarrolladas durante las últimas décadas, de las cuales algunas han sido construidas para efectuar servicios de utilidad humana y seguridad. Mientras las ruedas son aún la forma más ampliamente usada para llevar a cabo el movimiento en robots debido a la indudable ventaja en la eficiencia carga/acarreo, las piernas son fascinantes porque ellas permiten a los robots alcanzar lugares donde sólo los humanos y los animales sobre pies pueden normalmente ir.

Para mimetizar estas habilidades se han realizado una serie de estudios o algoritmos que buscan extraer la información de estos seres vivos y transformarla en productos que demuestren la utilidad de estos en comparación con las soluciones tradicionales.

El propósito de este capítulo es considerar el aspecto de locomoción en robots biológicamente inspirados, así como exponer las técnicas para lograr estos movimientos, centrándose en el principio del Generador de Patrón Central que ha revolucionado la forma de concebir la articulación de movimientos en extremidades así como en un tipo de diseño de robots móviles basados en circuitos electrónicos simples utilizando materiales económicos, nos referimos a los robots BEAM.

Redes Neuronales Celulares

La principal inspiración en el control de dispositivos de locomoción artificial proviene de un principio biológico llamado el Generador de Patrón Central (Central Pattern Generator, *CPG*), usado para modelar el grupo de neuronas encargado de planear y controlar el patrón de caminado. Para emplear dicho modelo se debe de utilizar una red neuronal celular, la estructura de esta red puede ser implementada mediante circuitos analógicos[1]. Esto hace posible realizar el caminar en tiempo real y también controlar transiciones entre diversos tipos de caminata en el caso de robots bípedos, en la Figura 3.1 se muestra un robot del tipo antropomórfico.

Las redes neuronales artificiales tienen propiedades clave como lo son el procesamiento paralelo asíncrono, la dinámica de tiempo continuo y una interacción global entre los componentes de la red. Una nueva arquitectura de circuito llamado red neuronal celular (Cellular Neural Network, *CNN*) fue inventada y patentada[3] en la década de los ochenta por el profesor Leon O. Chua y Lin Yang, investigadores de la Universidad de Berkeley en California. Esta nueva arquitectura además de poseer algunas de las características claves de las redes neuronales artificiales, como el procesamiento de imágenes y el reconocimiento de patrones, tiene además la característica de poder ser implementada mediante circuitos analógicos.

Los circuitos analógicos han jugado un papel importante en el desarrollo de nueva tecnología. Aún en nuestra era digital, los circuitos analógicos todavía dominan en

Figura 3.1. Robot ASIMO de la empresa japonesa Honda[2].

campos como las comunicaciones, la potencia, electrónica de audio y video debido a sus capacidades de procesamiento de señales en tiempo real.

Los métodos convencionales de computación son intrínsecamente débiles en lo que a velocidad se refiere debido a su naturaleza secuencial. Para vencer este problema, se han propuesto las redes neuronales analógicas, las cuales están basadas en algunos aspectos de neurobiología y adaptado a circuitos integrados. Las características claves de las redes neuronales son el procesamiento paralelo asíncrono, dinámica de tiempo continuo y una interacción global entre los componentes de la red. Algunas de estas características son prometedoras en aplicaciones de redes neuronales para varios campos de aplicación tales como la optimización, la programación lineal y no lineal, memoria asociativa, patrones de reconocimiento y visión computacional; pero también se han utilizado para el control de postura y movimiento de robots biológicamente inspirados[4].

Arquitectura de las CNN

Los fundamentos en los cuales se basa el Dr. Chua para generar su idea son: las redes neuronales artificiales (RNA), y los autómatas celulares (AC); de las primeras extrae la capacidad para el procesamiento asíncrono en paralelo, la dinámica en tiempo continuo y la interacción global de los elementos de la red; mientras que de los AC obtiene la estructura, o en otras palabras, la idea de distribuir sus elementos de procesamiento (también llamadas células) en rejillas regulares y permitir que la comunicación de cada célula con las otras se llevara a cabo a nivel local. Un ejemplo de una red neuronal celular de dos dimensiones es mostrada en la Figura 3.2.

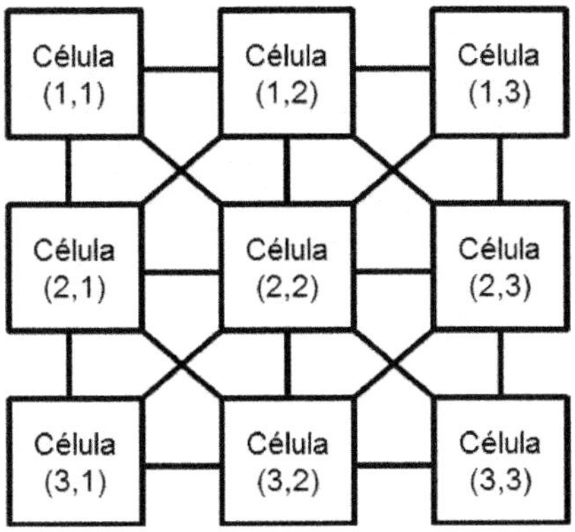

Figura 3.2. Una red neuronal celular de dos dimensiones.

El tamaño del circuito es de 3 × 3. Los cuadrados son las unidades llamadas células. Las conexiones entre las células indican que hay interacción entre las células conectadas. Matemáticamente, la definición presentada en la Figura 3.2 se escribe como[5]:

$$\frac{dx_{ij}}{dt} = -x_{ij} + \sum_{kl \in N_r(ij)} \hat{A}_{ij;kl}(y_{kl}(t), y_{ij}(t)) + \sum_{kl \in N_r(ij)} \hat{B}_{ij;kl}(u_{kl}(t), u_{ij}(t)) + I_{ij} \tag{3.1}$$

De la ecuación anterior:

ij Se refiere a la ij – *ésima* neurona en una malla de 2 dimensiones.

$kl \in N_r(ij)$ Es la kl – *ésima* neurona con una vecindad de radio r de la ij – *ésima* neurona.

x_{ij} Es el estado de la ij – *ésima* neurona.

$\hat{A}$ Es la plantilla de retroalimentación (feedback template).

$\hat{B}$ Es la plantilla de la pre-alimientación, junto con $\hat{A}$, llamada también plantilla de control (control template).

u_{ij} Es la entrada del sistema.

I_{ij} Es el término de corriente de polarización (*bias)*, usualmente una constante.

y_{ij} Es la salida de la ij – *ésima* neurona.

Por otro lado, la función de salida se representa como:

$$y_{ij} = \frac{1}{2}\left(|x_{ij} + 1| - |x_{ij} - 1|\right) \tag{3.2}$$

Donde, $f(x_{ij})$ es una función de salida no lineal, llamada también función de umbral. Existen diferentes funciones de salida no lineales[5]: sigmoide, unitaria, gaussiana, etc., se dice que si $\hat{B} = 0$ para cada neurona, entonces la *CNN* es autónoma. Una de las aplicaciones de las *CNN* es el llevar a cabo la función de un Generador de Patrón Central. En la siguiente sección se explora este principio.

Generador de Patrón Central

Los movimientos que realizan los animales cuando éstos ejecutan funciones como correr, caminar, nadar, volar, etc.; se llevan a cabo empleando patrones periódicos en sus extremidades. La hipótesis relacionada propone la existencia de un Generador de Patrón Central (*CPG*, por sus siglas en inglés) que se encarga de realizar estas oscilaciones. Estudios realizados sobre cómo los animales realizan sus movimientos, revelan que el patrón de actividad locomotora se debe a un patrón de actividad neuronal.

El principal componente del sistema motriz es el *CPG*, un circuito neuronal que produce un patrón motriz rítmico sin necesidad de sensores que retroalimenten o controlen. Se localiza generalmente en la espina cordal en los vertebrados o en los ganglios en los invertebrados. El *CPG* incluye el mecanismo neuronal necesario para la generación rítmica coordinada neuro-motora y por lo tanto de la salida del sistema, es decir los músculos. La salida del *CPG* controla directamente los órganos efectores (piernas, brazos, dedos, etc.) mientras que las señales que recibe del control neuronal superior sólo son necesarias para iniciar el movimiento, pero no para generar el patrón correcto de movimiento.

Existen diferentes enfoques acerca del diseño del *CPG*, pero en general explican que las señales se obtienen utilizando osciladores neuronales[6]; los cuales se pueden implementar digitalmente en *VLSI* (Integración en Escala Muy Grande, por sus siglas en inglés) chip o FPGA, pero además pueden ser implementados analógicamente, utilizando amplificadores operacionales.

En esta sección se explica el modelo del *CPG* basado en las Redes Neuronales Celulares *CNN*[1], las cuales se definen como una red de sistemas no lineales acoplados; estos osciladores no lineales son con frecuencia idénticos, los movimientos realizados por cada órgano son controlados por un simple oscilador, mientras que la coordinación entre los diferentes órganos es llevada a cabo por las conexiones entre los osciladores.

Modelo matemático

Una manera de simplificar el enfoque de las *CNN*, para ser llevado a la implementación del *CPG* en un robot, es considerar al oscilador no lineal como un circuito no lineal de segundo orden, hecho de dos celdas *CNN* de primer orden[7]. Para poder implementar el *CPG*, a partir de la Ecuación 3.1, se escoge $\hat{B} = 0$, y la función de salida (Ecuación 3.2) será una implementación lineal de la función de saturación.

$$y_{ij} = \frac{1}{2}\left(\left|x_{ij} + 1\right| - \left|x_{ij} - 1\right|\right) \tag{3.3}$$

Así las ecuaciones se reducen a:

$$\frac{dx_1}{dt} = -x_1 + \alpha y_1 + \beta y_2 + i_1 \tag{3.4}$$

$$\frac{dx_2}{dt} = -x_2 + \gamma y_2 + \delta y_1 + i_2 \tag{3.5}$$

De acuerdo al Dr. Paolo Arena y el profesor Luigi Fortuna, se imponen las siguientes condiciones, con el fin de simplificar las ecuaciones manejando menor número de variables[8]: $\beta = -\beta$, $\gamma = \alpha$, y $\delta = \beta$. Quedando la definición de un *CPG* así:

$$\frac{dx_1}{dt} = -x_1 + \alpha y_1 - \beta y_2 + i_1 \tag{3.6}$$

$$\frac{dx_2}{dt} = -x_2 + \alpha y_2 + \beta y_1 + i_2 \tag{3.7}$$

De esta manera los parámetros de diseño son:

α Perteneciente a la plantilla de retroalimentación A.

β Perteneciente a la plantilla de retroalimentación A.

i_1 Corriente de polarización, neurona 1 (en inglés *bias*)

i_2 Corriente de polarización, neurona 2 (en inglés *bias*)

Un ejemplo, de cómo se comportan los estados x_1 y x_2, para los valores $\alpha = 1.4$, $\beta = 0.9$, $i_1 = -0.25$ e $i_2 = 0.25$, se observa en la Figura 3.3. Algo que se debe resaltar es que los estados, así como sus respectivas salidas tienen un desfasamiento de 70° aproximadamente.

De esta manera, Arena y Fortuna desarrollaron un nuevo enfoque y nuevas arquitecturas para el control de la locomoción en dispositivos mecánicos, utilizando las

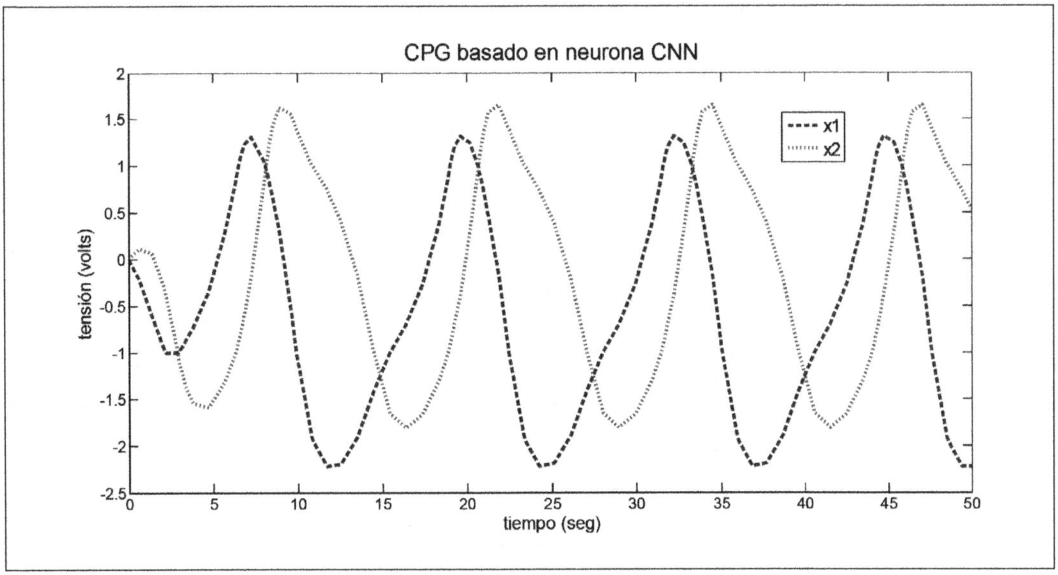

Figura 3.3. Evolución de las variables de estado a través del tiempo.

CNN pudieron crear patrones de caminar para emular el andar de insectos de varias patas, tales como los cuadrúpedos y hexápodos (en la Figura 3.4). Para crear el patrón de caminar sólo es necesario hacer uso del operador de retroalimentación A, o lo que es lo mismo, de los parámetros α y β.

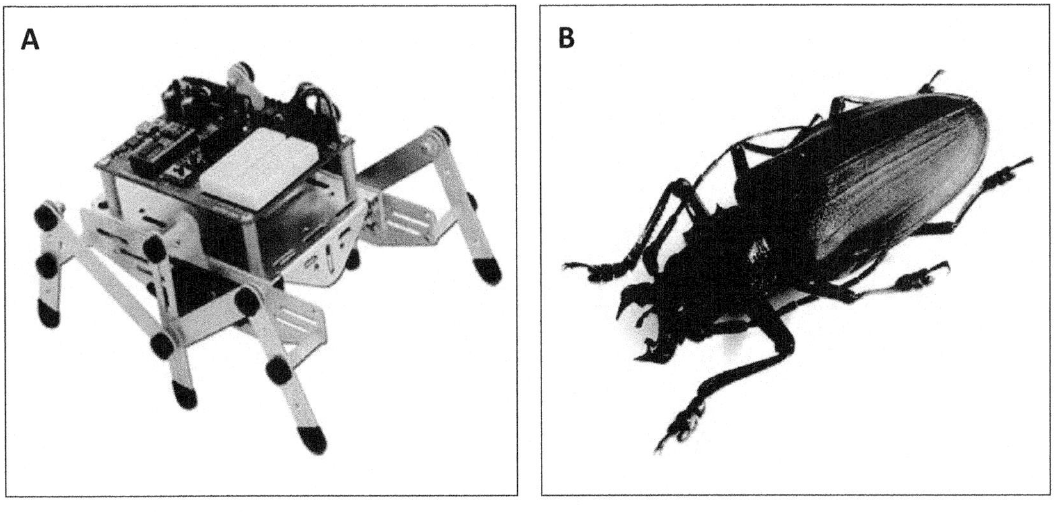

Figura 3.4. A) Robot hexápodode la empresa Parallax mimetizando al B) "Titanus giganteus", insecto de la familia de los cerambícidos[9].

Redes Neuronales Nerviosas

B.E.A.M. es una filosofía para construir robots que utiliza principalmente la electrónica clásica, la analógica, y no tanto la electrónica digital avanzada, los microcontroladores. Sus siglas en inglés son Biology, Electronics, Aesthetics and Mechanics. Es decir: Biología, Electrónica, Estética y Mecánica, son robots que mimetizan características de vida de los animales, como los insectos[10]. El creador de esta filosofía es Mark Tilden[11], desde principios de los años noventa. Es un inglés que estudió en Canadá.

Los circuitos electrónicos de los robots tipo *BEAM* están fundamentados en neuronas que hasta cierto punto son semejantes a aquellas que se pueden encontrar en un sistema biológico. Una Neurona Nerviosa (*Nv*) *BEAM* consiste en un pulso de electricidad desfasado en tiempo que se puede usar como un transmisor de información en un sistema *BEAM*. El circuito básico de una neurona *Nv* que funciona como un generador de pulsos fue diseñado por Mark Tilden y es el que se muestra en la Figura 3.5. Esta neurona generadora se denomina "Core". El circuito está compuesto por un resistor, un condensador y una compuerta inversora. El circuito *RC* establece el pulso y la frecuencia del circuito. La compuerta invierte la tensión que pasa a través de ella[12].

La salida de una neurona *Nv* no puede entregar tensión negativa, ya que la compuerta inversora sólo entrega niveles de tensión *TTL* (rango de 0 a 5v). Por lo tanto se necesitan dos neuronas *Nv* para conducir un único motor en ambas direcciones. El resultado es el movimiento (para el caso de un hexápodo) de

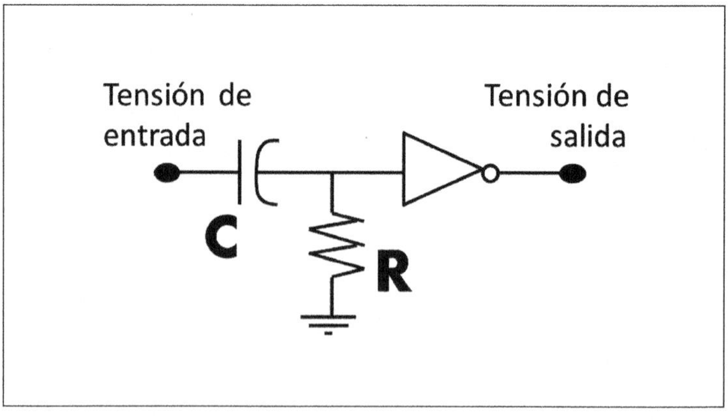

Figura 3.5. Circuito básico de neurona Nv[12].

las piernas hacia adelante y hacia atrás en un ritmo que está determinado a la vez por la señales y por los tiempos de duración de los elementos de la red nerviosa; cuando dos neuronas *Nv* se conectan en espejo, el circuito se denomina Bicore[12].

Desarrollo de la robótica B.E.A.M.

De los primeros robots construidos por Mark W. Tilden, el robot *BEAM* tipo Solaroller, lo terminó en 1989 en la Universidad de Waterloo en Canadá. En la Figura 3.6 se aprecia un robot Solaroller que la empresa Solarbotics[13] comercializa por internet, tiene la característica de trasladarse tres metros después de captar energía solar por 40 segundos.

Estos robots, como la mayoría de los robots surgidos a partir de la filosofía *BEAM*, utilizan como fuente de energía la luz solar, y su única función es el movimiento en una sola dirección mediante una o varias ruedas. Otro ejemplo de los primeros diseños que Tilden implementó fue el robot WALKMAN que construyó entre 1994 y 1995. Recibe su nombre debido a que utilizó piezas del famoso reproductor de audio portátil de la empresa japonesa Sony. Tiene cuatro extremidades, utiliza una sola bacteria, las patas tienen 360 grados de libertad de movimiento, lo cual proporciona una gran flexibilidad para escalar y trasladarse sobre diferentes tipos de terrenos. En

Figura 3.6. Solarbotics SolarSpeeder v2.0.

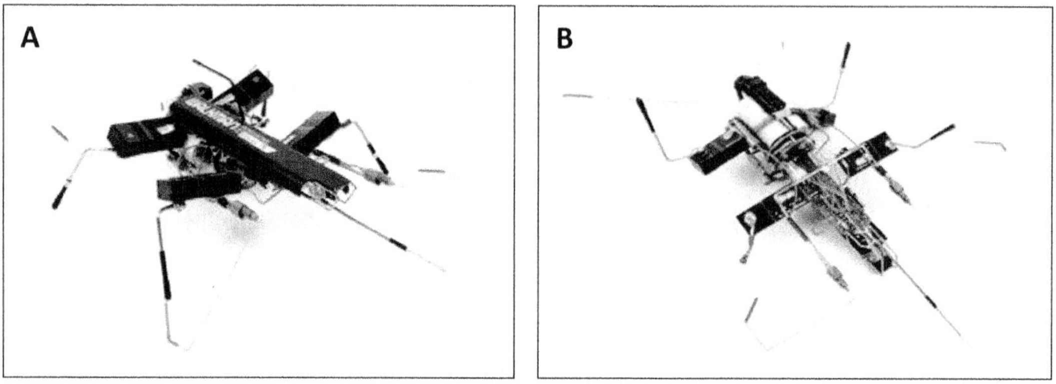

Figura 3.7. A) Imagen de perfil del Robot Walkman VBUG 1.5 y B) imagen del mismo robot por la parte inferior mostrando partes principales[14].

la Figura 3.7 se observa un robot tipo Walker modelo VBUG 1.5, éste tipo de robot abandona en parte la filosofía *BEAM* al no utilizar como fuente de energía la luz solar.

Como puede observarse muchas de las piezas que se requieren para construir robots *BEAM* son recicladas de dispositivos electrónicos dañados o en desuso. Otro tipo de robots son los Photovores (Figura 3.8) que consisten en la unión de dos motores a cada uno de los cuales se les asocia un Solaroller. La diferencia ra-

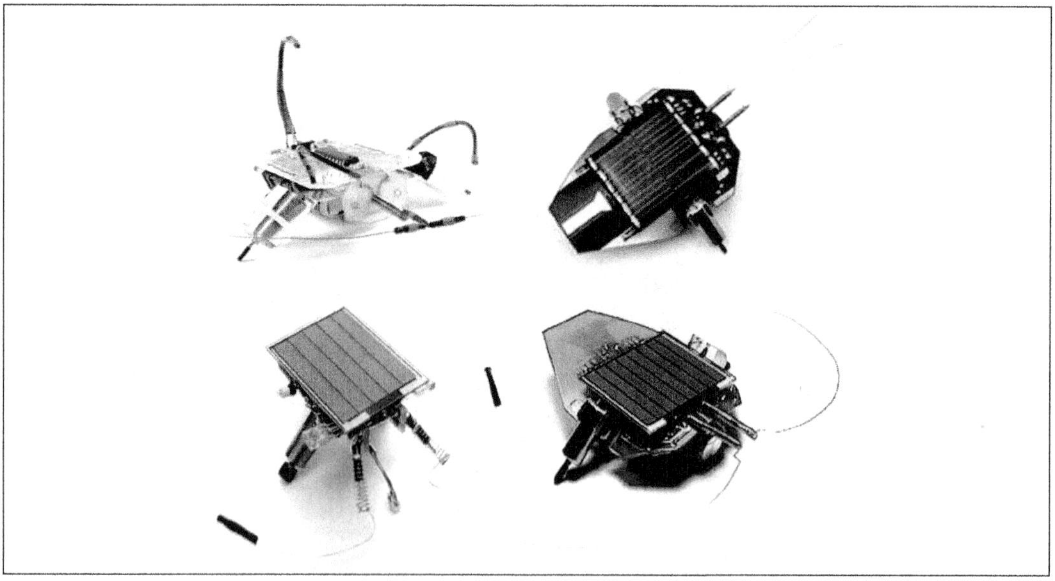

Figura 3.8. Imagen de alguno modelos de Robots tipo Photovore[15].

dica en que en vez de tener un movimiento lineal, puede girar dependiendo de la cantidad de luz solar que recibe cada circuito. Otro investigador relacionado a esta tecnología es Chiu-Yuan Fang.

Sin duda, los sistemas biológicos nos permiten realizar diseños de ingeniería más robustos que generan nuevas alternativas de locomoción e incluso cierto nivel de abstracción de comportamiento en los robots.

Referencias

1. Arena, P., Fortuna, L. Analog Cellular Locomotion Control of Hexapod Robots. *IEEE Control Systems Magazine,* 21-36, 2002. http://dx.doi.org/10.1109/MCS.2002.1077783

2. Información en http://www.motortrader.com.my/news/non-starter/asimo-3/

3. Chua L.O., Lin Yang. Cellular Neural Networks. US Patent, 5140670, 1992.

4. Maneesilp, K., Purahong B., Sooraksa, P. A new analog control circuit design for hexapod using cellular neural netwotk. Conference of the IEEE Industrial Electronics Society, Busan, Korea, 2004.

5. Chua, L., Roska, T. The CNN paradigm. *IEEE Transactions on circuits and systems,* vol. 40(3), 147-156, 1993. http://dx.doi.org/10.1109/81.222795

6. Kurita, Y., Ueda J., Matsumoto Y., Ogasawara, T. CPG-Based Manipulation: Generation of Rhythmic Finger Gaits from Human Observation. IEEE International Conference on Robotics & Automation, 1209-1214, 2004.

7. Bharathwaj Muthuswamy. Implementing Central Pattern Generators for Bipedal Walkers using Cellular Neural Networks, University of California, Berkeley, Master Degree Thesis, 2005.

8. Arena, P., Fortuna, L., Frasca, M. Bio-Inspired Emergent Control of Locomotion Systems. *World Scientific Series on Nonlinear Science, Series A,* vol. 48, 2004.

9. Información en http://www.robotshop.com/parallax-hexapod-crawler-kit-for-boe-bot-robot-3.html

10. Dongrui Wu, Woei Wan Tan, Prahlad Vadakkepat. A Comparison of Several Hardware-Realized Central Pattern Generators (CPGs), Department of Electrical and Computer Engineering, National University of Singapore.

11. B. Haslacher, M. Tilden. Living machines, in Robotics and Autonomous Systems: The Biology and Technology of Intelligent Autonomous Agents, L. Steels, Ed. Elsivier, 1995.

12. Wouter Brok. Suspended Bicore. Eindhoven, The Netherlands, 1999.

13. Información en https://solarbotics.com/product/k_ss/

14. Información en http://grant.solarbotics.net/walkman.htm

15. Información en http://chiumanfu.solarbotics.net/

Capítulo 4

Diseño y desarrollo de materiales

Antecedentes

La acción de capturar peces y otras especies acuíferas, comúnmente conocida como "pescar", es una de las primeras actividades desarrolladas por el hombre para satisfacer sus necesidades alimentarias. En la época primitiva, en las antiguas costas europeas, la pesca se limitaba a una simple recolección de cangrejos, pequeños peces y moluscos que encontraba al descubierto cuando bajaba la marea. Posteriormente, comenzaron a capturar especies frescas y de mayor tamaño empleando instrumentos de caza tales como la lanza, el arco y flechas. De esta manera, la pesca se relacionó a la cacería de cuyo hecho nació una interesante ocupación para los hombres, mientras que la tarea de recolección se dejaba para las mujeres y los niños[1].

Por otro lado, la pesca deportiva cuyos orígenes datan desde la China antigua, es aquella actividad donde se tiene como objetivo capturar el mejor ejemplar de la especie especificada, en cuestión de dimensiones y peso; pero también divertirse y entrar en contacto con la naturaleza. Una vez concluido el evento, las presas concursantes son liberadas en su habitad natural y de esa manera, se genera la oportunidad hacia otra persona para poder capturar los mismos ejemplares (más grandes y pesados) en un futuro. Los instrumentos necesarios para practicar la pesca deportiva son el anzuelo/señuelo, la caña de pescar, la línea y el carrerte[2-4].

Los señuelos

A lo largo de la historia, la actividad de la pesca deportiva se ha ido perfeccionando hasta alcanzar los métodos y la tecnología actual. Los primeros anzuelos desarrollados por el hombre fueron manufacturados a partir de materiales naturales como la piedra, el hueso o la madera y consistían en elementos en forma de "U" puntiagudas por ambos extremos y de un tamaño considerable, los cuales se muestran en la Figura 4.1. Hoy en día, debido a la alta demanda, los anzuelos han evolucionado en cuestiones de propiedades mecánicas y se producen en grandes cantidades. Su proceso manufacturero es mediante el forjado del acero, teniendo como resultado anzuelos más esbeltos y ligeros que sus antepasados pero con mejores propiedades mecánicas (resistencia a la tensión, mayor dureza, etc.), llevando un proceso de galvanizado o de pintura para evitar la corrosión[1].

Existe una conducta característica entre los peces que, en 1930, una persona noto: "los grandes se comen a los chicos", pero sobre todo si los más chicos están heridos o enfermos. Lauri Rapala, un pescador Finlandés, observó continuamente cómo los depredadores hambrientos se lanzaban hacia un grupo de pequeños peces, atacando principalmente a los que mostraban problemas para nadar.

Rapala, imaginó que si podía hacer una imitación de estos peces heridos, podría pescar más cantidad, sin perder tiempo en revisar constantemente el cebo de las líneas y así ganar más dinero. En 1936, con la ayuda de herramientas de corte y desbaste, comenzó a tallar un pedazo de madera hasta que logro que tomara la forma de un pez. La superficie de la madera fue envuelta en papel aluminio para provocar resplandores al tener contacto con los rayos solares y de ese modo, llamara la atención de los peces. Posteriormente, el dispositivo se recubrió con plás-

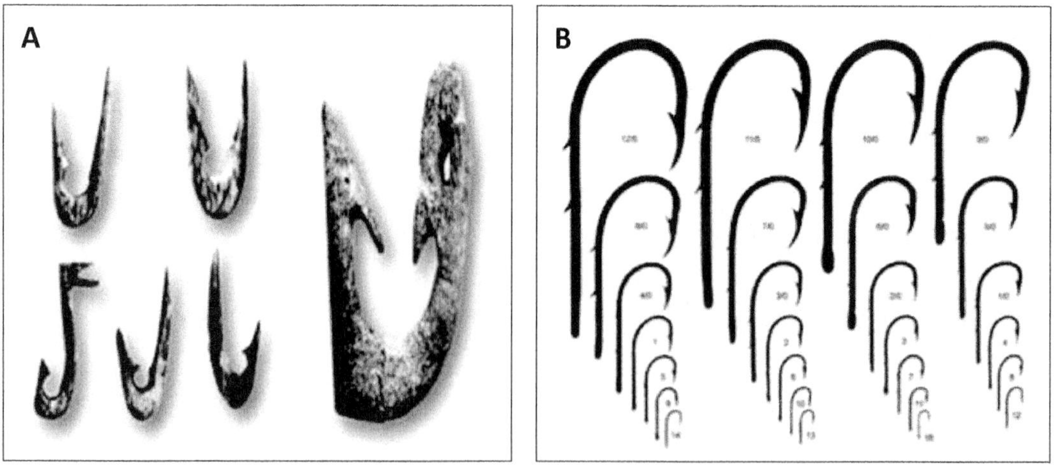

Figura 4.1. A) Primeros anzuelos hecho de piedra empleados por el hombreprimitivo en la actividad de la pesca[1] comparados con B) los anzuelos utilizados en la actualidad[5].

tico transparente fundido para agregarle protección al señuelo contra la humedad. En la parte inferior, que simula la cabeza del pez, se fue incrustado en la madera una lámina metálica para poder lograr el movimiento de tambaleo del señuelo en el agua (Figura 4.2).

Lo más importante es, que debido al proceso manufacturero empleado cuidadosamente y a la combinación de diferentes materiales (formación de un compósito), el señuelo imitaba perfectamente el movimiento característico de un pez herido[6-8].

La leyenda cuenta que en ocasiones, con su nuevo señuelo, Rapala llegaba a atrapar 300 kilos de pescado al día. Al difundirse esta noticia entre los pescadores de la localidad, la popularidad de Rapala creció y cruzó fronteras, así como también se incrementó la reputación del novedoso artículo.

El éxito del señuelo para atraer peces depredadores con relativa facilidad, se le relaciona con el movimiento característico que presenta al nadar en el agua (imitando el nadado de un pez herido). En poco tiempo, Rapala empezó a comercializar réplicas de este señuelo a pescadores de la región y posteriormente, cuando la fama del pescador se incrementó, las ventas se llevaron a cabo en todo el mundo,

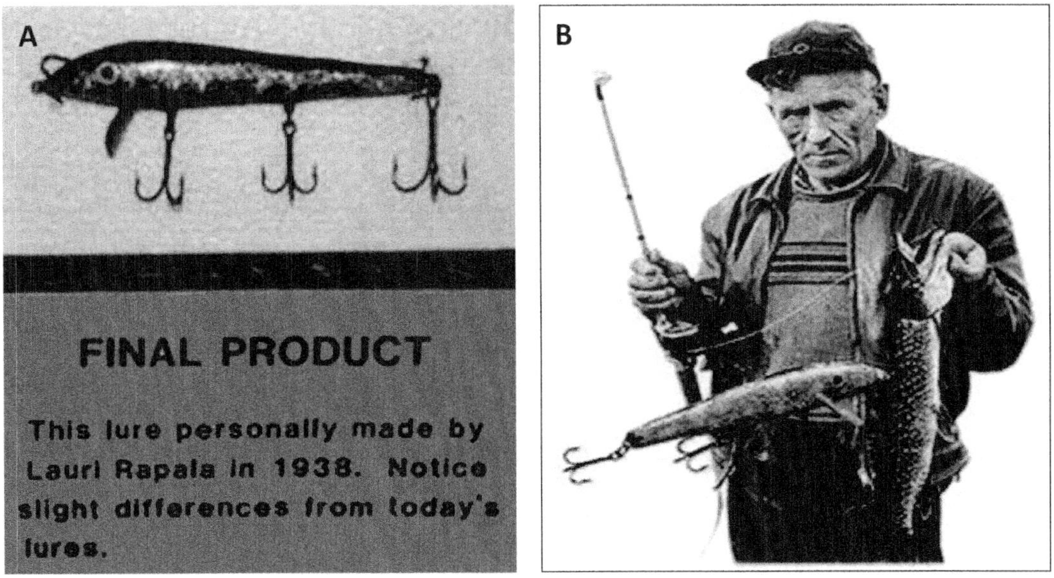

Figura 4.2. A) Primer señuelo manufacturado por Lauri Rapala, haciendo hincapié en la poca diferencia con los señuelos actuales y B) fotografía de Rapala presentando una especie capturada con el señuelo[6-8].

cerciorándose del buen funcionamiento de cada artículo. En la actualidad, existe una variedad de señuelos que se asemejan a peces y se emplean en la pesca. El diseño, materiales, colores y desempeño, dependen del medio donde va a trabajar, la profundidad y las características del pez que se pretende capturar. En la Figura 4.3 se presentan algunos ejemplos de señuelos. Los principales materiales con que se encuentran constituidos los cuerpos de los señuelos, en general, son la madera y el plástico.

El acabado final que se le puede otorgar al señuelo varía desde una simple pintura con colores opacos o brillosos, un texturizado en 3D, recubrimientos metálicos, la integración interna de láminas metálicas o una combinación de éstas. Como ejemplo se puede mencionar que el recubrimiento metálico proporciona un brillo especial muy semejante al producido por un pez real, aunado con una gran cantidad de destellos y reflejos producidos por el contacto con la luz solar que atraen al pez depredador. El texturizado en 3D proporciona mayor realismo ya que se delinean esos detalles tan importantes como lo son las escamas, rugosidades, etc. En una combinación de texturizado, pintura brillosa y láminas internas, se pueden crear imitaciones excelentes de peces altamente detallados[9,10].

Debido a su flotabilidad y dureza, la madera, principalmente de balsa, se emplea en la producción de señuelos cuya línea de acción es superficial, es decir, este señuelo se desplaza por la superficie del agua. Por otro lado, además de flotar igual que los señuelos de madera, constituidos de plástico alcanzan mayores profundi-

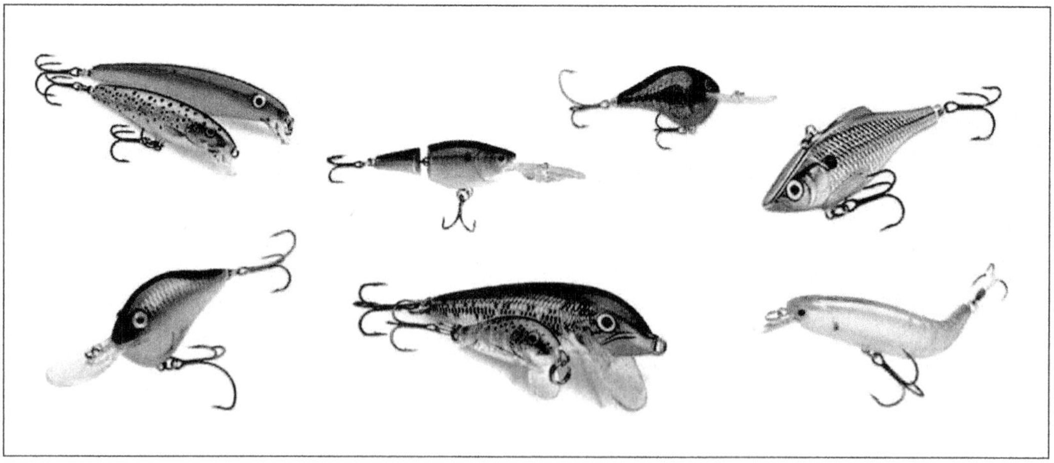

Figura 4.3. Algunos ejemplos de señuelosen forma de pez manufacturados con diferentes materiales, colores, acabados y líneas de acción[6-10].

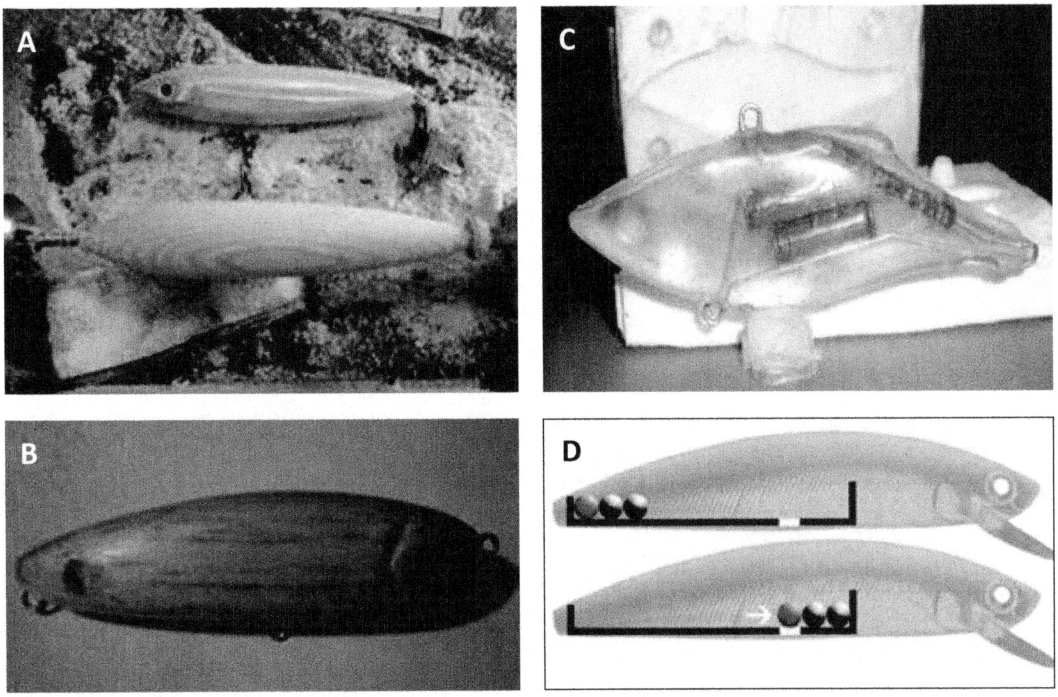

Figura 4.4. Manufactura de señuelos tipo pez constituidos principalmente de madera (A y B) y de plástico (C y D). Se puede apreciar la diferencia interna entre estos tipos de señuelos[8-10].

dades y ésta puede ser contralada por medio del diseño del mismo, además que se incrementa la dureza y resistencia a la tensión e impacto.

Otra ventaja que presentan los señuelos de plástico con respecto a los de madera es estos que pueden ser huecos y de esa manera, se pueden introducir esferas metálicas en el cuerpo de los mismos las cuales le proporcionarán al señuelo mayor peso (facilitándose el lanzado por parte del pescador), alcanzando profundidades variadas y la generación de ruidos para llamar aún más la atención de los depredadores (Figura 4.4).

La caña de pescar

En el caso de la caña de pescar, su historia es diferente. A través de los años, las cañas de pescar han experimentado una evolución impulsada por la demanda y la necesidad de mejorar el desempeño y técnicas de pesca. En un principio, las cañas

Figura 4.5. A) Imagen que muestra evidencia de la actividad de pesca en laedad media, B) y C) cañas de pescar antiguasmanufacturadas con bambú[13].

se confeccionaban a partir de elementos naturales, tal es el caso que se presenta en un manuscrito europeo del siglo XVI, en el cual, se describe cómo se confeccionaban cañas de pescar a partir de un hueso de ballena, debido a la flexibilidad exhibida por este tipo de material[11].

A mediados del año 1800, los pescadores comenzaron a incorporar el uso del bambú para la fabricación de cañas de pescar, extendiéndose su uso durante siglos debido a la abundancia de esta planta en la naturaleza y sus propiedades mecánicas como resistencia a la tensión, compresión y flexión perpendicular a la fibra[12-14]. En la Figura 4.5 se muestra un tipo de caña de pescar manufacturada de bambú al igual que una evidencia de su utilización como instrumento de pesca en la edad media.

Las propiedades mecánica exhibidas por el bambú, son buenas debido a su constitución física (cilindros huecos de pared densa y separados por nudos en forma de discos formando espacios vacíos llamado diafragmas), es un material tenaz presentando dureza e incremento de densidad en la parte exterior, con flexibilidad y porosidad en la parte interior (Figura 4.6)[15].

El crecimiento o desarrollo de las fibras dentro de las paredes del bambú se lleva a cabo de manera uniaxial y estas se encuentran envueltas en una celulosa que las mantiene unidas, mientras que en los nudos o discos, el crecimiento es en todas direcciones (Figura 4.6 B y C). Esto le permite al bambú, aunado al efecto de los diafragmas, incrementar sus propiedades mecánicas debido a que cuando se presenta una grieta, esta se distribuye en dirección de las fibras sin extenderse más allá de un nudo[15].

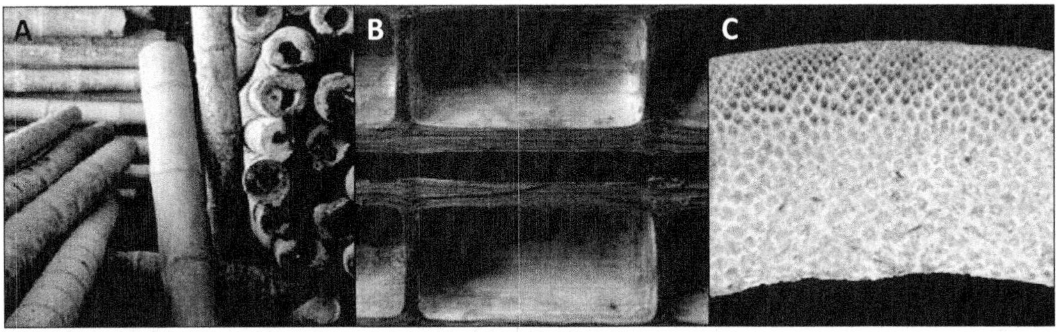

Figura 4.6. A) Imagen de un bambú convencional, B) corte seccional de un bambú mostrando discos y diafragmas y C) microfotografía de las fibrasinternasde las paredes de un bambú[15].

A mediados de los cincuenta, la finalización de la Segunda Guerra Mundial trajo consigo la utilización de fibras sintéticas en la manufactura de cañas de pescar. Las fibras de vidrio, de carbono, de grafito y boro, que en un principio se inventaron para la línea aeroespacial, proporcionaron el incremento en la resistencia a la tensión y flexión de las cañas, así como la disminución en peso y dimensiones. La Figura 4.7 muestra algunos tipos de cañas de pescar confeccionadas de fibras sintéticas, además de presentar la capacidad de flexión.

El secreto de sus propiedades, además de ser materiales compósitos, es en confeccionar las cañas de pescar con materiales sintéticos, utilizando el modelo de las fibras del bambú (acomodo uniaxial de las fibras y envueltas en una celulosa).

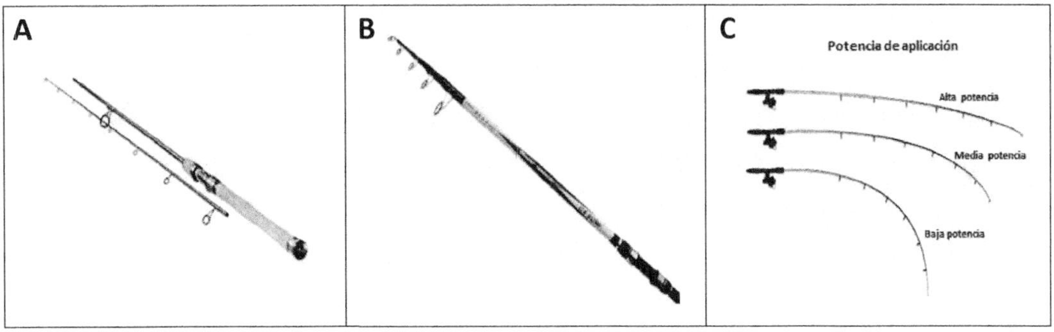

Figura 4.7. Tipos de cañas modernas confeccionadas de materiales sintéticos, A) caña de dos piezas, B) caña auto compactable y C) cañas de una pieza mostrando los tipos de acción[17].

Como resultado se tiene que son más resistentes, con menos peso y dimensiones, no retienen humedad, no se oxidan ni se corroen, se flexionan con facilidad y no se rompen bajo condiciones normales de carga[16].

El hilo de pescar

Los materiales biológicos son el resultado de un largo proceso evolutivo. Actualmente la naturaleza ha conseguido materiales con propiedades extraordinarias, así como técnicas satisfactorias y sustentables de manufactura[18]. Como un ejemplo de ello, se dice que si se puede sintetizar seda de araña con un grosor semejante al de un lápiz y construir una telaraña de tamaño proporcional, es posible detener en pleno vuelo un avión de pasajeros a una velocidad de 500 kilómetros por hora[19]. Las propiedades mecánicas de la seda de araña son impresionantes, con un grosor menor al del cabello humano (aproximadamente el grosor de la seda es de 10μm contra 100μm que presenta el cabello humano), puede llegar a ser igual o más resistente que una fibra de acero bajo las mismas condiciones. En la Figura 4.8 se presenta un par de fotografías de la seda de araña, una tomada a aumentos normales y la otra tomada a 1000 aumentos.

La composición química elemental de la seda de araña, al igual que el resto de las biomoléculas orgánicas, consiste principalmente de carbono, hidrógeno, oxígeno y nitrógeno para dar lugar a fibras constituidas por microcristales de bloques tipo

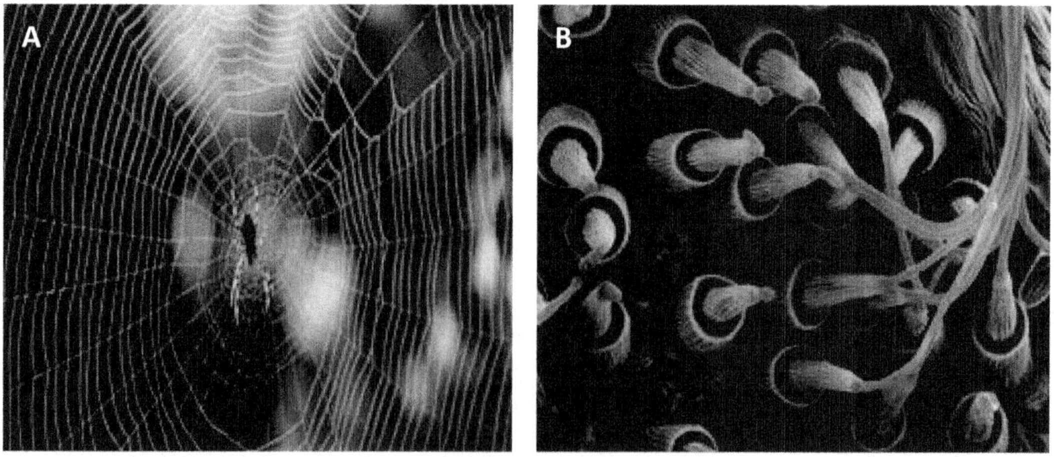

Figura 4.8. A) Imagen de una telaraña diseñada y construida con el mínimo de imperfecciones y B) segregación de la seda arácnida[21].

β plegados, embebidos por una matriz proteínica amorfa[20]. Esto le permite, bajo condiciones de carga, alta resistencia a la ruptura con elevada elasticidad. Este tipo de comportamiento se denomina elástico no lineal, es decir, a presiones ligeras la deformación es proporcional a la fuerza ejercida; pero una vez superado la zona de deformación elástica (diagrama Esfuerzo-Deformación), la estructura interna de la seda se hace rígida[19]. Actualmente, existe un gran interés en determinar la relación entre la composición química y estructura cristalina de la seda de araña con el fin de desarrollar materiales con propiedades mecánicas similares[22].

El desarrollo de fibras sintéticas, como el nylon, el kevlar, el fluorocarbono, spectra, etc., se debe a un intento por copiar las propiedades mecánicas de la seda arácnida, utilizándose, entre otras cosas, para la fabricación de paracaídas, materias para suturar heridas, chalecos antibalas, cinturones de seguridad, etc[23]. La manufactura de estas sedas artificiales, pretende asemejarse a la biosíntesis, proceso utilizado por los arácnidos para generar seda, controlando en todo momento la secuencia, composición química y el conformado de los polímeros, permitiendo de esta manera, obtener estructuras complejas constituidas mediante procesos continuos[24]. El resultado es la obtención de fibras constituidas por bloques tipo β plegados y embebidos por una matriz polimérica al igual que la seda arácnida. Esto aunado con el proceso de extrusión en frío del polímero, el cual produce una reorientación de las cadenas poliméricas aumentando considerablemente la resistencia a la tracción del material, es responsable de las excelentes propiedades mecánicas de las sedas artificiales antes mencionadas[25].

Hoy en día, gracias a su altísima resistencia a la tracción en relación al diámetro (mayor que el acero), con cero elasticidad, gran durabilidad, resistencia a los rayos solares y tener, en algunos casos, un índice de refracción semejante al agua permitiéndole ser invisible, las líneas de pescar son confeccionadas de fibras artificiales. En la Figura 4.9 se muestran algunos tipos.

Figura 4.9. Algunos tipos de hilo de pescar confeccionado a partir de fibras sintéticas[26].

Referencias

1. Información en http://www.maestropescador.com/Arte_pesca/Arte_pesca.html

2. Información en http://www.salinasyachtclub.org

3. S. Guzmán. La pesquería del abulón en Baja California, un análisis de su desarrollohistórico y perspectivas futuras. Instituto Nacional de la Pesca, SIC, México, 1973.

4. A. Yáñez-Arancibia. Recursos pesqueros potenciales de México. La pesca acompañante del camarón. Instituto de Ciencias del Mar y Limnología, UNAM, 1985.

5. Información en http://www.pescarecreativa.net

6. Información en http://www.siemprepescando.com

7. Información en http://www.mimecanicapopular.com

8. Información en http://www.rapala.com

9. Información en http://www.ecured.cu/index.php/Rapala

10. Información en http://normark.mobi/RAPALA/Especies/EspeciesDulce.html

11. Información en http://www.riosclaros.com

12. Información en http://es.wikipedia.org

13. Información en http://sigal-bamboo-rods.blogspot.mx

14. S. Valero, E. Roger, W. Contreras. Estudio de las propiedades físicas y mecánicas del bambú de 3 años de edad y proveniente de las plantaciones ubicadas en la ribera de la margen derecha del río Chama, municipio Francisco Javier Pulgar, estado Zulia, Venezuela. *Revista Forestal Latina*, 37, 87-107, 2005.

15. P.M. Ganapathy, J.A. Janssen, C.B. Sastry. Bamboo, People and the Environment, Proceedings of the V International Bamboo Workshop and the IV International Bamboo Congress, Indonesia, 3, 1996.

16. Información en http://hermidastours.foroactivos.net

17. Información en http://pesca-anzuelos.blogspot.com

18. M. Elices. Sobre la necesidad de las imperfecciones, Real Academia de Ciencias Exactas, Físicas y Naturales, Capítulo 5, 1994.

19. S. Cranford, A. Tarakanova, N. Pugno, M. Buehler. Nolineal materials behavior of spider slik yields robust webs nature. http://dx.doi.org/10.1038/nature10739, 478(7383), 72-76, 2012.

20. S.O. Anderson. Amino acid composition of spider silks. *Comparative Biochemistry and Physiology,* 35(3), 705-711, 1970. http://dx.doi.org/10.1016/0010-406X(70)90988-6

21. Información en http://www.medioambiente.org

22. M. Elices, G. Guinea, J. Pérez-Rigueiro, G. Plaza. Usos médicos de la seda. *Investigación y Ciencia,* 419, 28-35, 2011.

23. Información en http://www.berkley-triline.com

24. D.A. Tirrell, M.J. Fournier, T.L. Masxon. Genetic engineering of polymeric materials. *MRS Bulletin,* 16, 23-28, 1991.

25. Y. Termonia. Modeling of the stress-strain behavior of spider dragline, Structural Biological Materials, Capitol 11, Elsevier Science, 2000.

26. Información en http://www.hilodepescar.blogspot.com

CAPÍTULO 5

Diseño y esfuerzos mecánicos

La naturaleza como fuente de inspiración

La aplicación al diseño mediante la inspiración en cosas vivas y las tendencias de diseño contemporáneas alrededor del mundo parecen apuntar hacia un Norte común: la tecnología como acelerador de nuevas tipologías. Y es que ciertamente la ciencia y la tecnología en los últimos años han sufrido un empinado progreso hacia dimensiones antes inimaginables. La biología sintética, la nanotecnología y la biomimética comprenden tres de las diez tecnologías emergentes del 2013 según *The World Economic Forum Global Agenda Council on Emergent Technologies*. Las tres especializaciones científicas se han encargado de difuminar las barreras entre el diseño sintético y las cosas vivas. Materiales regenerativos, capaces de crecer o moverse, órganos sintéticos, y superficies que imitan el proceso de fotosíntesis son algunos avances tecnológicos que guían un nuevo concepto de diseño que emula la adaptación y el proceso morfo genético de las cosas vivas. La ciencia contemporánea es capaz de generar tecnología que antes era solo concebida como parte de la ciencia ficción. La arquitectura no está ajena a todos estos cambios que implican una innovación, no de estilo, sino de la propia definición[1].

La naturaleza puede inspirar las soluciones del diseño de la ingeniería, y que son eficientes, prácticas, sustentables y tienen además el potencial para descubrir nuevas tecnologías, nuevos materiales y nuevos procesos. El diseño, significa el trazado o delineación de un edificio, instrumento o forma, generalmente de modo armonioso, apuntando a un fin determinado o solucionando alguna necesidad. Por lo que se hacen algunas preguntas como: ¿Qué parámetros de diseño definen la forma de las cosas vivas?, ¿Cómo funcionan los diseños de la naturaleza? Estas interrogantes conforman la base teórica de la Biomimética, una filosofía que ha incursionado en muchas firmas de diseño y arquitectura emergentes. Arquitectos destacados y Diseñadores Industriales en el mundo imaginan edificaciones dinámicas capaces de cambiar su configuración en respuesta a cambios del contexto.

¿Cuánto más seguro sería un edificio si su estructura imitara la mecánica de un esqueleto que puede cambiar su configuración para mantener el balance?, ¿Cuánto más segura y saludable sería nuestro entorno urbano si las superficies de las edificaciones y cosas que utilizamos pudieran similar las estructuras naturales mecánicas y aerodinámicas dando la fuerza para la aplicación en nuestra vida cotidiana?, ¿Cuánto más ecológicas serían las estructuras si fueran concebidas como parte del ecosistema natural?.

La Biomimética implica traducir diseños biológicos en estrategias de tecnología que permitan resolver un problema determinado. Pero, ¿Qué problemas enfrentamos además de los relacionados con el consumo energético y contaminación ambiental?; huracanes, terremotos, inundaciones, deslizamientos y tsunamis son algunos de estos problemas potenciales que, por falta de una mejor adaptación, podrían generar enormes desastres afectando severamente al ser humano. Desde el 2011, en la escuela de arquitectura de la Universidad Católica de Puerto Rico, el taller de diseño "BioTectonic Analogues in Architecture" investiga diversos diseños biológicos para definir estrategias de diseño arquitectónico mejor adaptado. Inspirado por palmas, cavernas, bambú, hojas, corales, mangles y hasta fibras del tejido de las arañas sirven como modelos de estudio para mejorar la tecnología de edificaciones capaces de responder a las eventualidades, así como también mejorar los diseños de las cosas cotidianas que utilizamos en nuestro entorno.

Su campo se extiende a sistemas de ingeniería y arquitectura tratando la relación forma/función y entrando en el dominio de la morfología funcional, definiéndola en el campo de la construcción como biomorfica. Por ejemplo, el bambú podría potenciar el diseño de mejores estructuras antisísmicas. La superficie de una palma es capaz de manejar grandes cargas de viento por la flexibilidad de su tronco lo que inspira a estudiantes a diseñar arquitectura más apta a manejar fuerzas de vientos.

El estudio del patrón microscópico de una hoja promete una escena donde las estructuras puedan ser más fuertes y flexibles al mismo tiempo. Más aún, el estudio de proteínas elásticas y la morfología de nuestras cavernas sirven para proponer un tipo de arquitectura que, en el futuro. El estudio de las fibras y formas del tejido de las arañas sirven como modelos para reforzar esfuerzos mecánicos y soportar grandes pesos como carga y podría reajustar su configuración estructural para manejar mejor fuerzas extremas de la naturaleza.

En la catalogación de ejemplos se insertan elementos presentes en el mercado que se aplican a la edificación y nuevos productos que se están desarrollando. Como se observa, en términos generales, siguen el principio de la optimización del uso y comportamiento del material empleado. Otros incorporan el desarrollo de nuevos materiales y/o de los procesos de fabricación. La relación con la naturaleza es una práctica que desde hace un siglo está presente en forma explícita en el desarrollo de la tecnología humana, por eso se encuentran ejemplos que forman parte de la vida cotidiana.

Al pasar al objeto construido como lo es un edificio, hay un incremento de la complejidad en términos generales. Por una parte hay que considerar el factor de escala que incide entre el ejemplo natural y la dimensión humana. Además una construcción es un sistema complejo que afecta múltiples funciones y necesidades. En relación al sistema estructural en la optimización del comportamiento para cubrir grandes luces, reducir el uso del material, etc. En un contexto donde la analogía entre estructura y sistema natural aparenta tener una relación privilegiada debido a un largo recorrido histórico.

En relación al ahorro energético que se analiza respecto a la producción de energía y a la reducción del gasto energético. En este último caso se involucra tanto la reducción del consumo propiamente eléctrico como en términos más generales una mirada hacia la reutilización o reciclaje de material como comportamiento sostenible propio de los seres vivos. En relación a una visión dinámica que responde a cambios de necesidades que varían en un determinado plazo de tiempo, a los tiempos de uso y transporte del objeto arquitectónico. Un concepto que se entrelaza entre los ejemplos es el de "multifuncionalidad". Tanto en la arquitectura como en la naturaleza hay elementos que sirven para responder a más de una necesidad o función.

Arquitecturas inspiradas en la naturaleza

Se ha comentado como la forma fractal consigue optimización en la función de nuestros pulmones o sistema circulatorio. La naturaleza está llena de consideraciones semejantes. Por ejemplo, la ramificación en los árboles no es arbitraria. Las hojas de los árboles captan la luz solar para efectuar la fotosíntesis, proceso indispensable para mantener vivo al organismo. Para optimizar energéticamente este proceso de absorción, el árbol emplea la ramificación. La relación entre el tronco y las ramas de un árbol tampoco es arbitraria Observando que la suma del

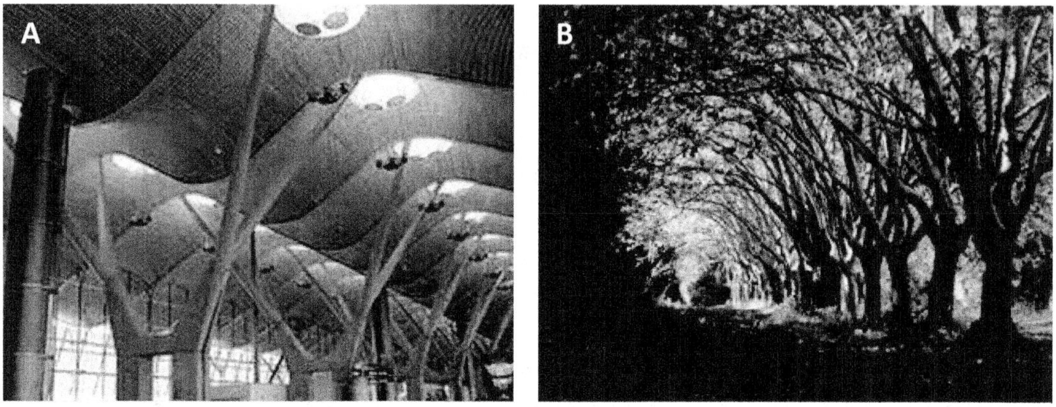

Figura 5.1. A) Terminal 4 del aeropuerto de Barajas en Madrid, España[2] y B) fotografía de un camino rural presentando una serie de árboles con sus ramificaciones.

área de las secciones de todas las ramas de un árbol a una determinada altura, se mantiene constante en todo el árbol (Figura 5.1 B).

El paso de la savia, los nutrientes, desde las raíces (también ramificadas para proporcionar optimización en absorción y estabilidad) hasta las hojas debe mantenerse a un flujo constante independientemente de las ramificaciones, esto permite mantener un cuerpo al diseño rígido y a su vez flexible con gran fuerza mecánica, en base a lo anterior Richard Rogers & Partners plasman su diseño de la Terminal 4 en el aeropuerto de Barajas de la ciudad de (Figura 5.1 A), inspirado en la estructura y soporte mecánico del ramal de un árbol.

Evolución y selección natural

La fortaleza estructural representada como graficas de texturas de fibras del ADN como se muestra en la Figura 5.2 B, está constituida por dos cadenas o bandas formadas por un elevado número de compuestos químicos llamados nucleótidos. Estas cadenas forman una especie de escalera retorcida que se llama doble hélice, la cual sirve como inspiración en el diseño y construcción del puente peatonal "Marina Bay" en Singapur como se muestra en la Figura 5.2 A.

El capullo de mariposa (Figura 5.3 C) se producida por dos glándulas que forman una sustancia fibrosa parecida al pegamento, envolviendo el cuerpo de la oruga y posteriormente se endurece con el aire. La crisálida (capullo), ca-

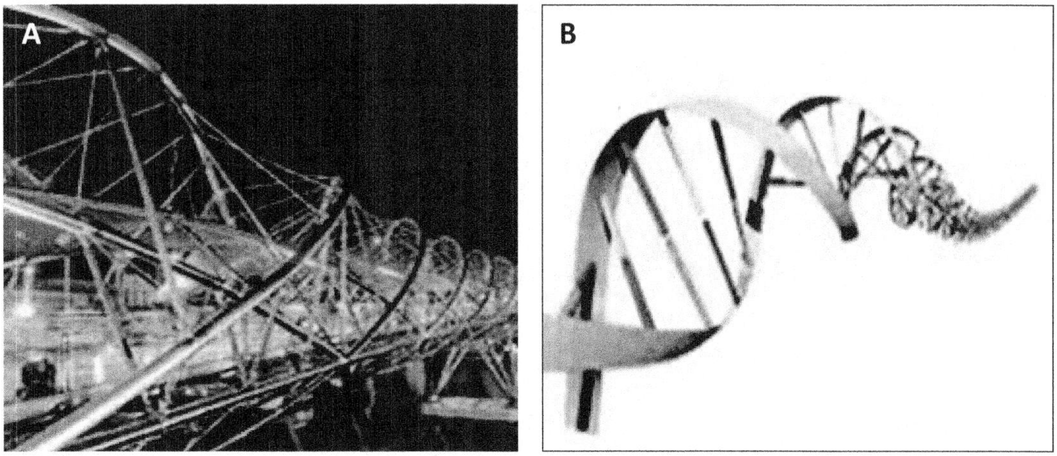

Figura 5.2. A) Puente peatonal "Marina Bay", construido en la ciudad de Singapur[3] y B) esquema del AND.

reciendo de cobertura sedal, al momento de endurecer genera una superficie lisa y transparente. Estos aspectos fueron la inspiración para la construccióndel parque de relajación "Torrevieja" ubicado en Alicante, España (Figura 5.3 A) el cual toma la misma estructura de un capullo, siendo transparente desde su interior (Figura 5.3 B)[4].

Estructuras en la naturaleza

Las abejas construyen sus panales por medio de celdas con formas prismáticas, describiéndose como una obra de arte de ingeniería en la que se minimiza

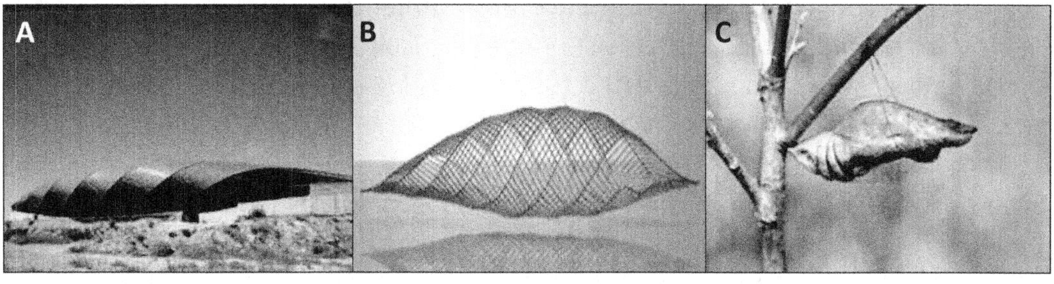

Figura 5.3. A) Parque de relajación "Torrevieja" ubicado en Alicante, España, B) diseño estructural del parque "Torrevieja" y C) fotografía de un capullo de mariposa.

Figura 5.4. A) Fotografía del proyecto "Edén" ubicado en las montañas del condado de Cornwall, UK, B) estructura y construcción del proyecto "Edén" y C) unión de gotas de agua.

mano de obra, material y una demostración del principio de selección natural (Figura 5.4 B).Más allá de su belleza innegable, ¿Qué lo hace tan especial?. Si se trata de economizar perímetro para maximizar área, es bien sabido que la solución es un círculo, y si se trata de economizar área para maximizar volumen, la solución es una esfera. Pero en esta construcción las piezas se ensamblan perfectamente sin espacios perdidos que no se puede lograr con círculos y esferas. Esto se conoce en matemáticas como un embaldosado y en el caso periódico, es la misma figura geométrica la que se repite una y otra vez para generarlo. La tapa hexagonal está soportada por seis trapecios y en su base inferior nos encontramos con una base de 3 rombos iguales que permiten que se encajen para no dejar espacios vacíos. El sistema en celdas hexagonales de las colmenas y avisperos, es uno de los ejemplos naturales empleado en los paneles de madera y cartón permitiendo una importante reducción del peso sin perder resistencia en el diseño del proyecto "Eden", como se muestra en la Figura 5.4 A[5].

Los sistemas reticulares optimizan el comportamiento estructural y permiten la realización de superficies complejas, donde su inspiración se basa para el diseño de la llanta sin aire tomando la estructura de sistema en celdas hexagonales como se muestra en la Figura 5.5.

Si se observa la estructura interna de los huesos similares en distintos animales podemos descubrir que cuando cambian las dimensiones, la naturaleza recurre a determinados mecanismos formales que atenúan la variación de la relación entre el peso propio y el área de las secciones resistentes. Cuanto mayor sea el tamaño del hueso o cuanto mayor carga deba soportar, perecería ser mayor el volumen

Figura 5.5. A) Diseño de un sistema neumático que no utiliza aire como parte de un prototipo militar[6] *y B) fotografía del interior de un panal constituido por una estructura hexagonal.*

del hueso o cuanto mayor deba soportar, parecería ser mayor el volumen óseo ocupado por la cavidad medular y por el hueso esponjoso.

Si se observa la estructura interna de los huesos en distintos animales, se puede descubrir que cuando cambian las dimensiones, la naturaleza recurre a determinados mecanismos formales que atenúan la variación de la relación entre el propio peso y el área de las secciones resistentes. Cuanto mayor sea el tamaño del hueso o cuanto mayor carga deba soportar, parecería ser mayor el volumen del hueso o el volumen óseo ocupado por la cavidad medular y por el hueso esponjoso.

Los huesos de todos los mamíferos se forman a partir de los mismos componentes, fundamentalmente el colágeno tipo I, (Figura 5.6 A), de modo que la naturaleza debe ingeniarse para diseñar estructuras de distintos tamaños con el mismo material. La optimización del peso del esqueleto es aún más sofisticada en los vertebrados capaces de volar. Los huesos largos de las aves de gran tamaño poseen huesos rellenos de aire y no de medula ósea, llamados huesos neumáticos, que están reforzados en su interior con estructuras espaciales triangulares al estilo de viga Warren.

Esta configuración geométrica les otorga propiedades excepcionales de ligereza y de resistencia en las estructuras óseas así, como también en los cuerpos de algunas plantas como los cactus que también tienen la configuración interior geométrica triangular como se muestra en la Figura 5. 6 B.

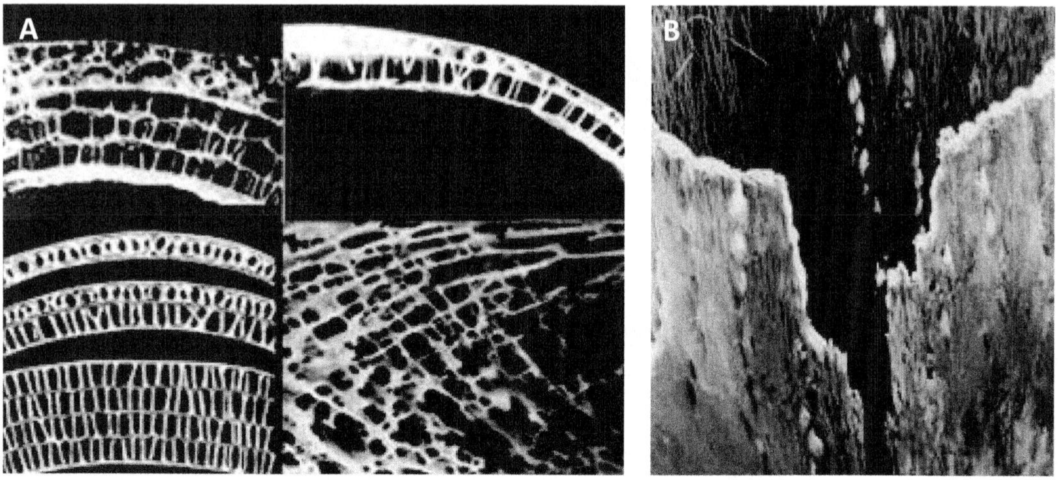

Figura 5.6. A) Sección de un hueso metacarpiano del ala de un buitre, hueco y reforzado interiormente a modo de viga Warren[7] y B) construcción anatómica del Cactus.

Uno de los patrones más complejos encontrados en la naturaleza es el de la libélula, ya que la ramificación en sus alas así como sus formas celulares, es una respuesta evolutiva al flujo de fuerza durante su vuelo. La rigidez y flexibilidad de las alas son determinadas por el número y morfología de las membranas, además de la profundidad y el grosor de las paredes. La región de la parte superior del ala de la libélula exhibe alta rigidez denotado por cuadriláteros, mientras que la región inferior es flexible y se compone de membranas pentagonales y hexagonales (Figura 5.7).

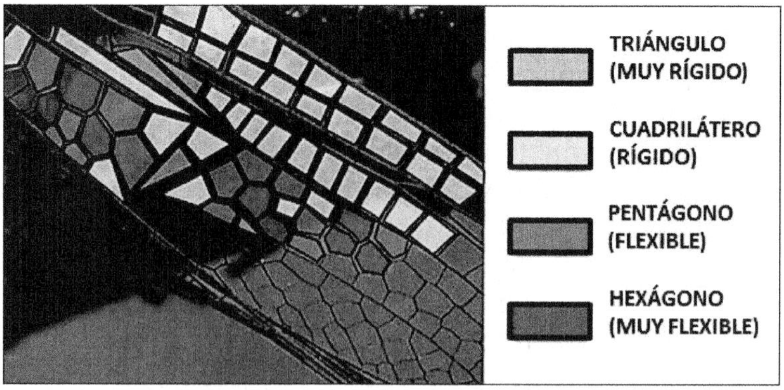

Figura 5.7. Estructura del ala de una libélula. Se observa la morfología de las membranas, así como la distribución de éstas en las secciones de mayor y menor flexibilidad[7].

En general, un incremente en el número de lados de una membrana tiende a producir regiones de alta flexibilidad, mientras que una disminución en el número de lados de una membrana inevitablemente conduce a regiones rígidas. El patrón sigue a las fuerzas de tracción generales expuestas por las bandas, y las diversas formas de llevar la responsabilidad de determinar el importe de la rigidez o flexibilidad en esa zona. Su tipología general se puede describir como viga y la membrana.

En la vida acuática, también el patrón de las pistas de lirio debe permanecer rígido en el agua o se quedan destruidas por las fuertes corrientes. El gigante amazónico "Victoria Cruziana" (Figura 5.8), puede alcanzar los 9 metros de diámetro y soportar el peso de un adulto. Su morfología estructural consiste sobre todo en cuadriláteros regidos por la lógica híbrida de ramificación y estructura celular, similar a la observada en el ala de libélula.

El ancho y la profundidad de las membranas de la almohadilla de lirio, disminuyen a medida que se acercan al borde de la superficie. Esta disminución del ancho y profundidad, produce la modulación de cuadriláteros agudos cerca de cuadriláteros en ángulo recto, aumentando la rigidez que se necesita hacia el borde para compensar su falta de profundidad. La estructura ha evolucionado para proporcionar flotabilidad y la rigidez a su cuerpo. Esta tipología puede ser categorizada como una superficie y pliegues desde la capacidad y la composición general entre la superficie y la estructura, dando una amplia inspiración en el Diseño, la Arquitectura y creación de resistencias mecánicas en implementaciones físicas al bien de la humanidad.

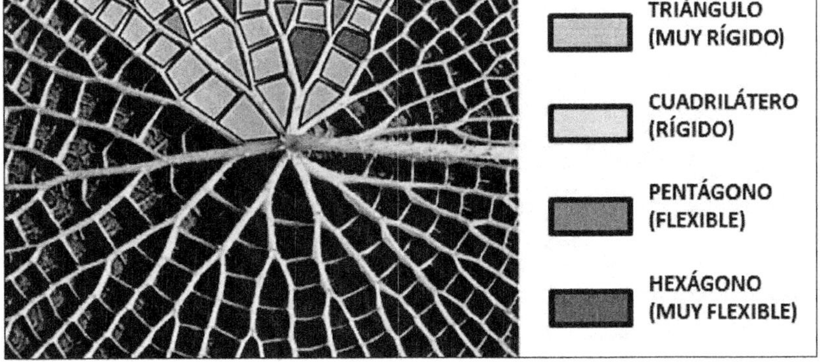

Figura 5.8. Estructura del cuerpo de Lirio. Se observa la morfología de las membranas, así como la distribución de éstas en las secciones de mayor y menor flexibilidad[8].

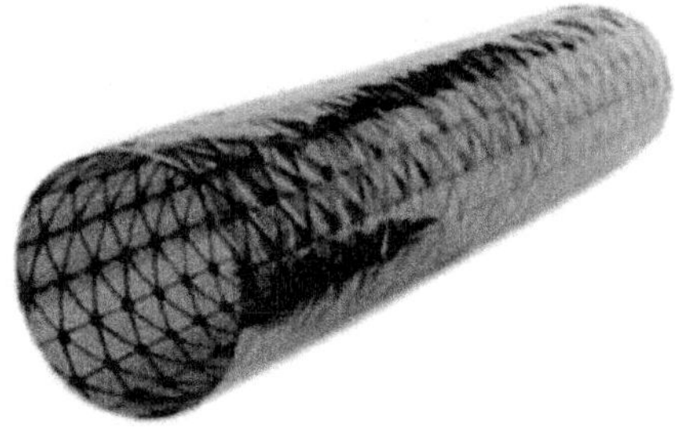

Figura 5.9. Malla "Carbon Isogrid" desarrollada por ILC Dover Inc. y la NASA[9].

Otra de las aplicaciones tecnológicas basadas en geometrías triangulares y fortaleza en mantener su forma, es basada en las hojas de algunos árboles, misma aplicación al *Carbon Isogrid* desarrollada por ILC Dover Inc. y NASA EE.UU, 2001, como se muestra en la Figura 5.9. Es una malla en filamentos de carbono y resina epoxi con memoria de forma.

Las propiedades de la seda de las arañas son espectaculares. Con un grosor menor al de un cabello humano puede llegar a ser más resistente que una fibra de acero del mismo espesor, aparte de ser cientos de veces más elástico. Por esta razón, muchos científicos en el mundo están buscando la forma de sintetizarla en el laboratorio y reproducirla en diseños estructurales. En la naturaleza de la telaraña, los hilos radiales y los espirales tienen distintas propiedades mecánicas.

Los radiales son más gruesos y rígidos, encargándose de aumentar la capacidad de carga y dar soporte a la red, mientras que los espirales son más elásticos y viscosos, encargándose de la captura de las presas, como se puede observar en la Figura 5.10 C[10-11].

Figura 5.10. A) Imagen del Centre Pompidou Metz en Francia, B) estructura interna del Centre Pompidou Metz y C) fotografía de una telaraña encontrada en la naturaleza.

Ciertas arañas tejen telas en forma de embudo, otras en forma de hoja e incluso, otras tejen las telas espirales que son comúnmente asociadas con el orden. Estas telas pueden ser hechas con seda pegajosa de captura, o con seda "peluda" de captura, dependiendo del tipo de araña. Dichas telas contienen filamentos curvos suspendidos en el pegamento utilizado para atrapar sus presas. De este modo, reducen el riesgo de quebrar la telaraña al atrapar insectos de gran tamaño ya que el filamento curvo se expandirá en el momento del impacto absorbiendo la tensión desencadenada (Figura 5.10 C), inspirando en el diseño del Centre Pompidou Metz (Figura 5.10 A y B).

Una de las estructuras o formas aplicadas al diseño es la pompa de jabón, una espuma del panal cúbico bi-truncado. Se trata de un panal uniforme convexo formado por un octaedro, un poliedro que llena el espacio con 14 lados (tetracaidecaedro: seis lados cuadrados y ocho hexagonales, Figura 5.11 B).

Para adecuarse a las leyes de Plateau que gobiernan las estructuras de las espumas, las caras hexagonales están ligeramente curvadas que es la estructura de Weaire-Phelan[12]. Se encuentra como estructura de cristal en química, donde es habitualmente conocida con el nombre de "Tipo I de estructura de clatrato" como se muestra en la Figura 5.11 C. Los hidratos de gas formados por metano, propano y dióxido de carbono a baja temperaturas tienen una estructura en la que las moléculas de agua reposan en los nodos de la estructura de *Weaire-Phelan*[13] y se enlazan entre sí mediante puentes de hidrógeno, y las moléculas de gas más grandes son atrapadas en las jaulas poliédricas[14]. Dando a la creación del Centro acuático en Pekín, China, mismo que se puede observar en la Figura 5.11 A[15].

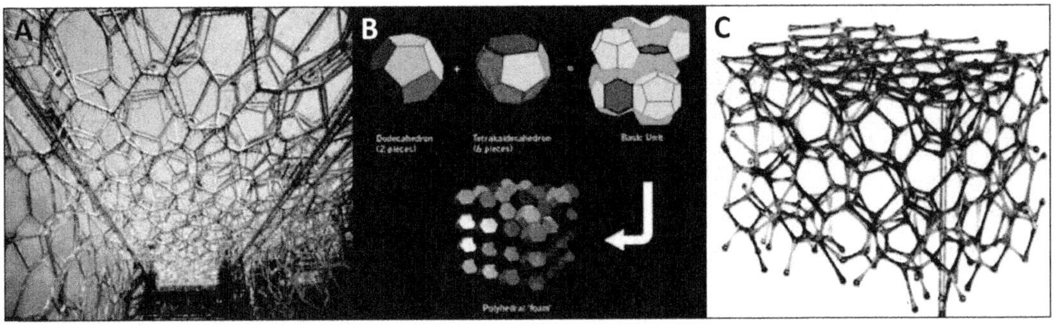

Figura 5.11. A) Centro acuático nacional "Water Cube" (CANWCP) en Pe-kín, China, B) diseño computacional de la espuma de Weaire-Phelan y C) malla esquelética de barras del CANWCP.

Figura 5.12. A)Estadio Central Kaohsiung en Taiwan[16] y B) detalle de la capa de paneles solares[17].

Aplicación de la Biomimética respeto ahorro energético

Hablando del ahorro energético (respeto a la producción de energía y reducción del gasto energético), uno de los diseños enfocado hacia este propósito es el Estadio Solar en la ciudad de Kaohsiung como se muestra en la Figura 5.12 A, el cual contará con autosuficiencia energética gracias al aprovechamiento de la energía solar por medio de una capa de paneles solaresque absorben la energía entregada por el sol durante el día. Está cubierta puede abastecer hasta 1.14GWh de electricidad anualmente, y conectado a la matriz energética podría alimentar hasta un 80% del área circundante cuando no se encuentra en funcionamiento como se muestra en la Figura 5.12 B.

Dentro de los sistemas dinámicos cuya función es la protección solar en los edificios, una construcción en particular llama mucho la atención en su diseño. El proyecto inspirado en el movimiento característico de las alas de un ave como se muestra en la Figura 5.13, lo conforma el protector solar móvil denominado *"Burke Brise-Soleil"*. Dicha estructura se compone de un par de alas simétricas entre sí que se distribuyen en treinta y seis alerones a cada lado de la estructura principal brindando protección a paneles solares.

Figura 5.13. A) Museo de arte Milwaukee en EstadosUnidos de América[18]
y B) apertura de las alas de un ave.

Referencias

1. Información en http://www.arquitecturacritica.com.ar/2013/04/arquitectura-inspirada-por-las-cosas.html

2. Información en http://fr.urbarama.com/project/terminal-4-del-aeropuerto-de-madrid-barajas

3. Información en http://modelinganddesign.wordpress.com/category/designs

4. Información en http://quiquedacosta.blogspot.mx/2010/04/parque-de-la-relajacion-torrevieja.html

5. Información en http://www.galinsky.com/buildings/eden

6. Información en http://michelinmedia.com

7. Información en http://www.etereaestudios.com

8. Información en http://mastersuniversitaris.upc.edu/tecnologiaarquitectura/tesis

9. Información en http://unaus.eu/index.php/blog/20-escenarios-actuales-de-la-biomimesis-aplicada-a-la-arquitectura

10. Cranford, S., Tarakanova, A., Pugno, N., & Buehler, M. Nonlinear material behaviour of spider silk yields robust webs. *Nature,* 482(7383), 72-76, 2012. http://dx.doi.org/10.1038/nature10739

11. Información en http://www.mimoa.eu/projects/France/Metz/Centre

12. Weaire D and Phelan R. A counterexample to Kelvin's conjecture on minimal surfaces. *Phil. Mag. Lett.*, 69, 107-110, 1994. http://dx.doi.org/10.1080/09500839408241577

13. Thomson, William. On the Division of Space with Minimum Partitional Area. *Philosophical Magazine,* 24(151). p. 503, 1887. http://dx.doi.org/10.1080/14786448708628135

14. Pauling, Linus. The Nature of the Chemical Bond (3rd edición). Cornell University Press. p. 471, como el mostrado en la página de Ken Brakke, 1960.

15. Información en http://oriente12.blogspot.mx/2012/08/juegos-olimpicos-bejin-2008.html

16. Información en http://revarchitect.blogspot.mx

17. Información en http://www.archdaily.mx/206387/estadio-solar-en-taiwan-toyo-ito-2/?lang=MX

18. Información en http://www.arcspace.com/features/santiago-calatrava/the-milwaukee-art-museum

CAPÍTULO 6

Diseño y captación de energía

Antecedentes

El empleo de las fuentes renovables de energía es conocido en la importancia creciente que tiene debido al agotamiento de las reservas de combustibles fósiles y a los daños medioambientales que produce el ritmo actual del consumo de los mismos. Por otra parte, la conversión directa de la radiación solar se destaca por ser la fuente de energía más ampliamente distribuida en el planeta, además de ser prácticamente inagotable. La energía fotovoltaica, o sea, la transformación directa en energía eléctrica a través del uso de las celdas solares, reviste gran importancia futura y resulta muy atractiva. Por todo lo anterior, las celdas solares son intensamente investigadas[1].

Entre las celdas solares se encuentran las convencionales basadas en el silicio, las cuales son las más difundidas en la actualidad, aunque como su proceso de fabricación es costoso, esto se ve reflejado en el mercado, no pudiendo así competir con las otras fuentes de energía basadas en combustibles fósiles, que aunque contaminan más, representan un costo menor al usuario tal y como lo menciona Gessert y Halme[2,3]. Asimismo, existen celdas solares basadas en elementos compuestos tales como el telurio de cadmio o telurio de azufre (CdTe/STe) y otros tipos de celdas solares (utilizadas fundamentalmente a nivel laboratorio), pero son en general muy costosas y no se encuentran ampliamente difundidas a escala comercial para aplicaciones terrestres, aunque se ha reportado el diseño de paneles con base en celdas de multiuniones (producciones de pequeña escala) con eficiencias de 10.4% o mayores[4].

Las celdas solares fotoelectroquímicas constituyen otra variante en la conversión fotovoltaica. Estas celdas basan su principio de funcionamiento en la unión de un semiconductor con un electrolito. La interfaz electrolito-semiconductor es muy fácil de formar (basta con ponerlos en contacto) lo que constituye una ventaja frente a otras uniones sólidas y supone un abaratamiento de los costos en el diseño de celdas solares. Utilizando celdas fotoelectroquímicas se han logrado alcanzar eficiencias del 15 al 17% en la conversión fotovoltaica como reportan Lewis y Meissner[5,6]. Sin embargo, la aplicación a gran escala de esta interfaz como alternativa energética no ha sido posible, ya que los semiconductores idóneos para el aprovechamiento de la energía solar suelen degradarse con relativa rapidez en contacto con electrolitos. En electrolitos no acuosos resulta algo más estables, pero disminuye sensiblemente la eficiencia de las celdas. Los óxidos semiconductores resultan ser mucho más resistentes a la corrosión pero, por presentar una banda prohibida ("gap") relativamente ancha, solo aprovechan una parte muy pequeña del espectro solar[7,8].

La fotosíntesis natural y las energías renovables

La fotosíntesis natural es una maquinaria sorprendente y ha sido perfeccionada por la naturaleza a lo largo de los siglos. Es el proceso por medio del cual las plantas, algunas bacterias y las algas usan luz solar como fuente de energía, el CO_2 de la atmosfera, y el agua como químicos para llevar a cabo dos reacciones importantes para la supervivencia y el crecimiento de la humanidad: la descomposición del agua en oxigeno molecular, acompañado por la reducción de CO_2 en carbohidratos y otros productos ricos en carbón[9-11].

La quema de combustibles fósiles en gran cantidad y la gran contaminación de la industrialización han alterado el balance natural de niveles de CO_2 en la atmosfera. La absorción significante de la parte infrarroja de la radiación solar y la longevidad del CO_2 atmosférico están causando el efecto de invernadero. Los dos retos más grandes que encara la humanidad en el siglo XXI son el incremento global de la demanda de energía y el control del nivel de emisiones de CO_2 para regular el efecto de invernadero. El énfasis está por lo tanto en el desarrollo de fuentes de energías alternativas por medio del desarrollo de energías renovables asegurando protección y armonía con el medio ambiente.

La radiación solar que alcanza la superficie de la tierra es extraordinariamente grande, en el rango de los terawatts. Si se pudiera convertir y almacenar un pequeño porcentaje de esta fuente libre y abundante, las necesidades energéticas de la tierra serían cubiertas. Debido a que la luz solar está disponible por un tiempo limitado durante el día, esta se tiene que convertir y almacenar para ser usada. Los dos acercamientos son la conversión fotoquímica y el almacenamiento de la energía solar: conversión directa de energía solar en electricidad la cual puede ser usada para varias necesidades o ir directo a la generación de otras fuentes de combustibles tales como el hidrogeno molecular del agua. La fotosíntesis artificial es así una aproximación importante la cual surge debido al nacimiento de una nueva ciencia llamada biomimética[12-14].

Dentro de los elementos estructurales y características de la reacción de la fotosíntesis artificial son usados sistemas más simples conceptualmente para alcanzar resultados de fotosíntesis natural. Debido a que la eficiencia en la conversión de energía solar de la fotosíntesis natural es solo un poco porcentaje, la esperanza es hacerlas mejor con sistemas artificiales. Diferentes acercamientos están siendo explorados por químicos de todo el mundo y resultados destacados han sido obtenidos en algunas áreas claves, entre ellas está la del desarrollo e investigación de las celdas solares sensibilizadas con colorante (*Dye-sensitized Solar Cell*, DSSC)[15,16].

La celda solar sensibilizada con colorante y la fotosíntesis

Ha habido discusión acerca de las similitudes entre el mecanismo de acción de la celda solar sensibilizada con colorante o celda Graetzel y la fotosíntesis en las plantas verdes. En la fotosíntesis aeróbica, los fotones, el dióxido de carbono, y el agua se combinan para producir carbohidratos y oxígeno. En la Tabla 6.1 se muestra la relación entre los componentes de una celda DSSC y la fotosíntesis.

Subsistema	Celda Solar DSSC	Fotosíntesis
Aceptor de electrones	NanoparticulasTiO_2	Dióxido de Carbono
Donante de electrones	Electrolito Triyoduro	Agua
Absorbente de fotones	Colorante natural	Clorofila

Tabla 6.1. Relación entre los componentes de una celda DSSC y la fotosíntesis[17].

Figura 6.1. A) Esquema de las fotosíntesis en las plantas y B) fotosíntesis artificial en celdas DSSC.

En la Figura 6.1 se puede observar el proceso de fotosíntesis natural de las plantas verdes y el proceso electroquímico en celdas DSSC que imitan a la fotosíntesis natural[18].

En este capítulo se hará una breve explicación acerca de la construcción, principio de operación, componentes y caracterización de las celdas solares sensibilizadas con colorante, mejor conocidas en la literatura como tipo DSSC o Graetzel y un breve análisis del proceso electroquímico que según la literatura citada, imita los procesos de la fotosíntesis natural realizada por las plantas verdes[14]. Además de las aplicaciones y comercialización de las mismas.

Estructura y principio de operación

Las celdas solares nanocristalinas sensibilizadas con colorante, son un tipo de celda fotovoltaica donde el material que absorbe la radiación electromagnética, un colorante orgánico, se encuentra absorbido a otro material, el dióxido de titanio (TiO_2), por el cual se propagarán los electrones generados. En este tipo de dispositivos tiene lugar un fenómeno semejante al de la fotosíntesis, puesto que en ambos procesos intervienen colorantes orgánicos y, tanto en uno como en otro, la absorción de fotones y el transporte eléctrico tiene lugar en materiales diferentes.

El sistema de operación de una DSSC es el siguiente: en primer lugar, el colorante pasa al estado excitado (D*) cuando captura la luz visible en el rango coincidente con su banda de absorción, cuyo máximo se centra en 535nm tal y como se muestra en el espectro representado en la Figura 6.2 A. En segundo lugar, el colorante inyecta electrones en la banda de conducción del TiO_2, quedando así positivamente cargado (D*). Los electrones inyectados en la banda de conducción del dióxido de titanio viajan por la red nano-cristalina hasta encontrar el sustrato conductor por donde acceden al circuito externo. Por otro lado, el colorante vuelve a su estado original tomando electrones de los iones I- presentes en el electrolito que pasan a formar I_3-, estos últimos se regeneran a su vez en el contraelectrodo, reacción catalizada por la presencia del recubrimiento de platino, cerrándose así el circuito. Estas transferencias de carga se realizan gracias a las diferencias entre los niveles energéticos de los componentes de la celda, como se ha representado en el diagrama de la Figura 6.2 B.

A diferencia de las celdas solares basadas en uniones p-n de silicio, en las celdas de semiconductor con colorante, los fenómenos de absorción y de transporte electrónico tienen lugar en regiones diferentes de la celda. Se cree que en este tipo de celdas, la separación de cargas no se debe a la acción de un campo eléctrico, sino más bien a la competición entre las cinéticas de transferencia de electrones, en un sentido y en el contrario, en las interfaces entre el óxido, el colorante y el electrolito. Más detalles sobre el funcionamiento de la transferencia de carga en este tipo de celdas solares se pueden encontrar en la literatura[19,20]. En la Figura 6.2, son mostrados tanto el espectro de absorción del colorante N-535 así como un diagrama de los niveles de energía de los distintos componentes de una DSSC típica.

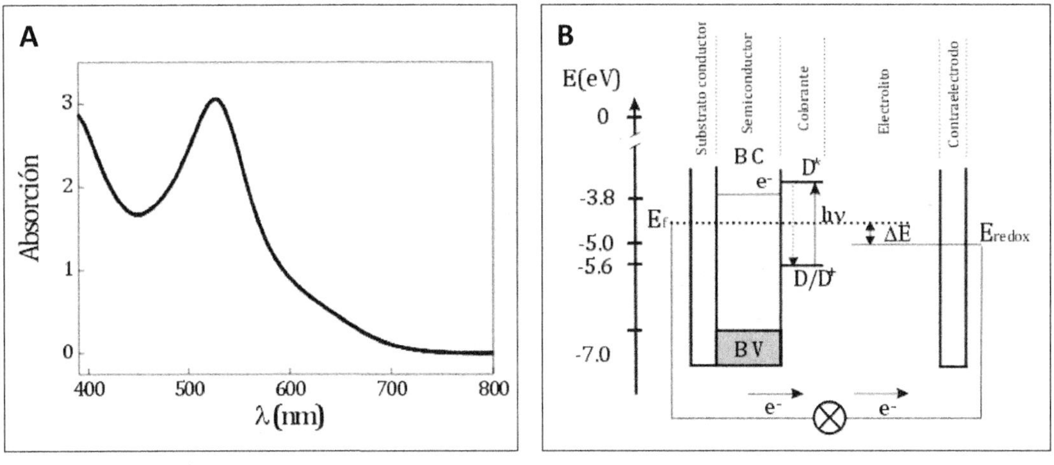

Figura 6.2. A) Espectro de absorción del colorante de rutenio polipiridiloN-535 y B) diagrama de los niveles de energías de los distintos componentes de una DSSC típica[21].

Componentes

Una celda fotovoltaica de colorante, como la diseñada por M. Graetzel en 1991, está compuesta por un substrato conductor transparente, típicamente sílice cubierta con una lámina de dióxido de estaño con flúor (F:SnO_2), sobre el cual se deposita una capa de óxido de 5 a 10 micras de grosor por nanocristales de TiO_2 (atanasa). Sobre la superficie del semiconductor se encuentra absorbido un colorante, un complejo de rutenio comúnmente denominado N-3 o N-719. Este electrodo se encuentra sumergido en un electrolito que, siendo líquido, puede embeber completamente la estructura porosa de óxido, que contiene un par redox, normalmente yoduro-triyoduro (I^-/I_3^-) en un solvente orgánico. Por último, el contraelectrodo es otro substrato conductor cubierto esta vez por una capa de Platino aunque puede ser de grafito. Los distintos elementos que componen la DSSC se encuentran esquematizados en la Figura 6.3.

De la Figura 6.3, se pueden identificar las siguientes partes: a) Substrato conductor transparente, b) lámina de dióxido de titanio nano-estructurado sensibilizado con colorante, c) electrolito basado en pares redox típicamente I_3 / I-, d) substratoconductor transparente recubierto por e) una película de platino[21]. También se han reportado trabajos de investigación en los cuales en lugar de rutenio se pone sobre la superficie del semiconductor un colorante natural a base de zarzamoras.

En literatura se han reportado tinturas orgánicas que contienen la molécula conocida como antocianina extraída de la pigmentación de las frambuesas, manzanas, peras, uvas, zarzamoras, ciruelas y semillas de granada; también de flores como la

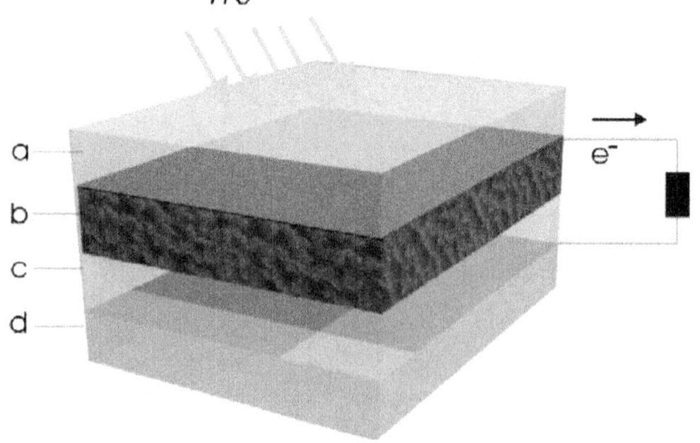

Figura 6.3. Esquema de una celda solar de dióxido de titanio con colorante[21].

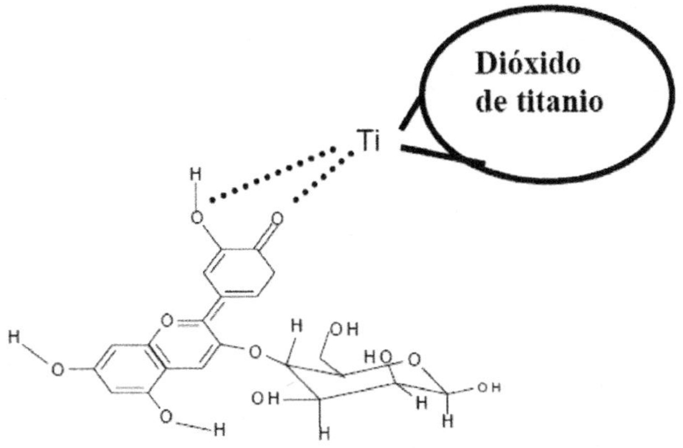

Figura 6.4. Anclaje de la antocianina a la película nano-porosa del TiO_2[22].

jamaica, rosas y verduras como col morada y maíz morado y de las hojas verdes de los cítricos de donde se extrae la clorofila[22]. La antocianina posee grupos -OH que se anclan al dióxido de titanio. En la Figura 6.4 se puede observar este proceso.

Sensibilizadores

El objetivo primario en la investigación y desarrollo de los sensibilizadores es mejorar la eficiencia de la celda. Para mejorar la corriente de salida, la extensión en el rango de absorción de las celdas DSSC, con longitudes de onda del orden de 800 a 1000nm son requeridos[23]. Tras el desarrollo inicial de las celdas DSSC en 1991, la investigación se ha centrado en el estudio de pigmentos sensibilizadores eficientes, principalmente los que incluyen complejos de metales de transición como Ru II, Os II, Pt II, Re II, Cu II y Fe II, resultando los de más éxito los basados en el complejo de rutenio bipiridilo dando rendimientos de 9.11 a 11.12% en la eficiencia de conversión de la energía solar en energía eléctrica[24].

Considerando la sustentabilidad y costo, este tipo de sensibilizadores presentan algunas desventajas, pero también algunas ventajas tales como la intensa absorción de luz en la región visible del espectro, largos tiempos de vida del estado de excitado, alta estabilidad térmica y fotoquímica, entre otros. Sin embargo, la aplicación a gran escala de este tipo de sensibilizadores se ha visto afectada en cuanto a la producción a gran escala de las celdas DSSC. Los esfuerzos recientes se han visto centrados en aumentar la eficiencia y reducir los costos de fabricación mediante el uso de colorantes orgánicos libres de rutenio[24].

Película nano-estructurada

Para la construcción de este tipo de celdas solares se puede aplicar óxido de zinc, aunque la aplicación más usada es el dióxido de titanio (TiO_2) dada su gran estabilidad, con múltiples aplicaciones. Una de las propiedades más ventajosas del TiO_2 es la gran resistencia que presenta a la corrosión o descomposición en presencia de reacciones electroquímicas. La producción de capas nanas estructuradas que se ha aplicado en la construcción de dispositivos fotovoltaicos, puede llevarse a cabo por métodos muy simples, en comparación con otros reportados en la literatura[1]. Una imagen típica de TiO_2 es la mostrada en la Figura 6.5.

Electrolitos

Los registros de eficiencia arriba del 11% son típicamente alcanzados con electrolitos líquidos, no obstante estos mismos no son optimizados para alcanzar características de estabilidad a largo plazo. Una de las maneras de mejorar el voltaje en circuito abierto (V_{oc}) de estas celdas solares, es añadirles a los electrolitos algunos aditivos, para reducir la corriente en la superficie del TiO_2. Una de las vías empleadas para la prevención de este fenómeno y al mismo tiempo mejorar el propio contacto entre el TiO_2 y el substrato conductor, ha sido introducir una capa fina y

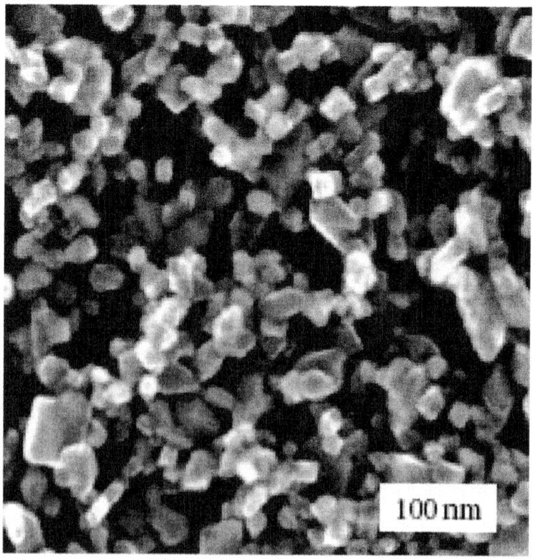

Figura 6.5. Película de TiO_2 nanocristalina micrografiada por Latécnica Scanning Electron Microscope (SEM)[23].

compacta de TiO_2 entre el substrato conductor y la capa más gruesa y porosa que soporta al sensibilizador[25]. Una mejora deseable es reemplazar estos electrolitos para que puedan ser aplicados en áreas más grandes y se está realizando investigación y desarrollo al respecto.

Sustratos

Requerimientos para un buen sustrato los cumplen las hojas de vidrio con eficiencias reportadas del 10 al 13% en las celdas solares de silicio amorfo[26]. Las eficiencias en celdas DSSC flexibles son cercanas a esos valores[27] utilizando cubiertas de óxido conductor transparente (*transparent conductor oxide*, TCO) con una fina capa de platino, oro o grafito, en el contraelectrodo y la última novedad: el uso del grafeno, que es una variedad del grafito. Este material es muy útil debido a sus propiedades que lo hace un excelente candidato a sustituir al Platino en grandes áreas[28].

Existen otros materiales para los sustratos, a base de plásticos conductivos tales como ITO-PET y ITO-PEN (*indium-doped tin oxide coated polyethylenenaphtalate*) donde se han reportado eficiencias de 7.2% en hojas de metal, que superan la mayoría de los problemas de los sustratos de vidrio[29]. Sin embargo, presentan sus desventajas tales como la baja tolerancia a altas temperaturas, así como alta resistencia de las hojas, en el caso de las de plástico, y en cuanto a las de hoja de metal, su exposición a ser corroídas al contacto con el electrolito.

No obstante, se está realizando en los últimos años, investigación y desarrollo importante haciendo uso de métodos adecuados para aumentar la tolerancia a las altas temperaturas acerca del aprovechamiento del sustrato a base de plástico y metal, debido a las múltiples aplicaciones que pudiera tener en un futuro[30].

En general, el desarrollo de procesos a baja temperatura sin comprometer las eficiencias del sistema es un objetivo atractivo, particularmente para hacer posible el procesamiento en sustratos a base de polímeros.

Parámetros de caracterización

Las celdas solares son caracterizadas por su curva voltaje-corriente. Es una curva de corriente de salida versus voltaje de salida bajo iluminación. Las siguientes propiedades eléctricas describen el rendimiento de las celdas[21]:

I_{sc} Corriente en corto circuito.

V_{oc} Voltaje en circuito abierto.

P_{max} Potencia máxima de salida.

η Eficiencia.

ff Factor de llenado.

IPCE La tasa de electrones generados por números de fotones incidentes por longitud de onda.

Eficiencias más altas registradas y datos de estabilidad

Los mejores dispositivos con un tamaño de más de 1cm^2 están enlistados con una eficiencia certificada de 10.4% bajo condiciones normales (1000Wm^{-2}, AM 1.5, 298K) en las tablas de eficiencia solar[31]. En áreas más grandes, han sido reportadas eficiencias más bajas. La eficiencia está limitada a dos factores, la I_{sc} y V_{oc}, tal como se muestra en la Tabla 6.2.

La estabilidad a largo plazo es un parámetro clave en cualquier tipo de celda solar. Para una apropiada evaluación de la estabilidad deben considerarse factores intrín-

Área Superficial [cm^2]	η [%]	V_{oc} [V]	I_{sc} [mA/cm^2]	*ff* [%]	Colorante
< 1 cm^2	11.2	0.84	17.73	74	N-719
0.219	11.1	0.736	20.9	72	N-749
1.004	10.4	0.72	21.8.	65	N-749
1.31	10.1	0.82	17.0	72	N-719
2.36	8.2	0.726	15.8	71	N-3
26.5(sub modulo)	6.3	6.145	1.7	60	N-749

Tabla 6.2. Eficiencias más altas registradas de DSSC, en dispositivos de varios tamaños[23].

secos y extrínsecos en donde los factores intrínsecos son debidos a las condiciones del sellado o sistema cerrado, mientras que los factores extrínsecos son debidos a los procesos de degradación inducidos por la difusión potencial de moléculas dentro o fuera de la celda solar[32]. La penetración de agua y oxigeno son ejemplos de factores extrínsecos. Sin embargo, grupos de investigación, han logrado superar en mucho estas limitantes mediante la mejora en la tecnología de sellado. Buenos resultados en la estabilidad de los sistemas han sido reportados en laboratorios en los últimos años[23]. Sin embargo, estos resultados necesitan ser probados en condiciones reales.

Uno de los problemas principales que han mostrado las celdas sensibilizadas ha sido su estabilidad en el tiempo. Esto se ha debido fundamentalmente a que los materiales que son usados para el sellado de estas celdas, suelen ser corroídos por el electrolito, unido a que dichos electrolitos en su mayoría son volátiles, lo que se agrava con el calentamiento propio del sistema durante el trabajo. Debido a estas dificultades, los dispositivos comerciales tienen una vida útil de unos 5 años como promedio[32].

Aplicaciones y comercialización

Actualmente, la tecnología de las celdas DSSC está siendo comercializada, pues tan solo en el año 2005, habían superado las 300 patentes, así como también se han organizado una serie de conferencias dedicadas específicamente en el tópico de la industrialización de este tipo de celdas solares (www.dyesol.com/conference). Un gran número de compañías comerciales están activas en el campo, presentando los primeros prototipos modulares en conferencias o para venta de equipo de producción y materiales específicos para DSSC. Está dándose relevancia en varias compañías en varios países, especialmente, en Japón (Toyota, Sharp, Toshiba), en Australia (Dyesol), en el Reino Unido (G24i), en Suiza (Solaronix).

En Estados Unidos (Konarka). G24i anunció en 2007 la construcción de módulos basados en DSSCs para la producción con capacidad de 25MW en Cardiff, Gales, Reino Unido, con planes de expandirlo a 200MW (http://www.g24i.com). Varios tipos de módulos son desarrollados por estas compañías. Incluyendo diseños flexibles, en plásticos u hojas de metal, así como módulos basados en vidrio. Teniendo una amplia variedad de aplicaciones en dispositivos móviles, como cargadores de celulares, laptops, equipos de radiocomunicación, así como elementos decorativos en ventanas de edificios, equipos de uso militar, entre otros. Algunas características y aplicaciones:

Figura 6.6. Módulo DSSC.

- Se pueden manufacturar de manera simple.
- Transparente y coloreable.
- Estructura delgada flexible.
- Características no susceptibles al ángulo de incidencia y la intensidad de la luz solar.
- Peso ligero.

En la Figura 6.6 se muestra un módulo DSSC con las características antes mencionadas.

Con estas ventajas, las celdas DSSC pueden ser instaladas en lugares donde la apariencia es importante y otro tipo de celdas solares son difícilmente aplicables, tales como los paneles de vidrio y las paredes interiores y exteriores de un edificio, el techo y paneles exteriores de un automóvil, y el estuche o cubierta de los teléfonos celulares (Figura 6.7). Esto permite la creación de nuevos mercados con aumento de demanda[24].

Figura 6.7. A) Exteriores de edificios, B) decoración y variedad de colores utilizados, C) iluminación de interiores y D) parabrisas de automóviles.

Comentarios finales y discusión

La tecnología de las celdas DSSC actualmente se desarrolla de manera muy dinámica. Ha habido progresos en muchos aspectos, incluyendo la eficiencia, la estabilidad, y la comercialización. Las eficiencias han alcanzado más del 11% en áreas de dispositivos pequeños (<1cm^2) y más del 6% en áreas sub modulares, aunque para sistemas más robustos, estos valores son menores. Son probables mejoras en estos sistemas, aunque dependen de manera crítica de las investigaciones de los materiales que lo componen. Aunque en cuanto a los datos de estabilidad mostrados en laboratorios pudieran ser confiables, son requeridos tanto investigación como desarrollo en campo con resultados exitosos en condiciones reales en exteriores y en áreas modulares. Estos desarrollos han despertado gran interés en empresas importantes, para su comercialización.

Con sus características atractivas, tales como bajo costo, buen rendimiento bajo condiciones cambiantes de temperatura e iluminación, se están desarrollando una variedad de aplicaciones que ya están saliendo en el mercado.

Referencias

1. I. Zumeta. Estudio de capas nanoestructuradas de TiO_2 para celdas fotoelectroquímicas. Tesis presentada en opción al grado científico de doctor en ciencias físicas, Universidad de la Habana, Cuba, 2004.

2. T. Gessert, T. Coutts, A. Duda, R. Dhere, S. Johnston, and D. Levi. NREL National Center for Photovoltaics and Solar Program, Review Meeting, Denver, Colorado, 2003.

3. J. Halme. Dye-Sensitized Nanostructured and Organic Photovoltaic Cells: Technical Review and Preliminary Tests, Master's thesis submitted in partial fulfillment of the requirements for the degree of Master of Science in Technology, Helsinki University of Technology, Department of Engineering Physics and Mathematics, Finland, 2002.

4. M. A. Green, K. Emery, D.L. King, S. Igari and S. Warta. Solar Cell Efficiency Tables (Version 19). *Prog. Photovolt. Res. Appl.,* 10, 55-62, 2002. http://dx.doi.org/10.1002/pip.428

5. N. S. Lewis. New Directions and Challenges in Electrochemistry: Frontiers of Research in Photoelectrochemical Solar Energy Conversion. *Journal of Electroanalytical Chemistry,* 508, 1-10, 2001. http://dx.doi.org/10.1016/S0022-0728(01)00399-0

6. D. Meissner. Solar Technology - Photoelectrochemical Solar Energy Conversion, Ullmann's Encyclopedia of Industrial Chemistry, Sixth Edition, Electronic Release, 1999.

7. S. Chandra and R.K. Pandey. Semiconductor Photoelectrochemical Solar Cells. *Phys. Stat. Sol. (a)* 72, 415-454, 1982. http://dx.doi.org/10.1002/pssa.2210720202

8. D. Mao, K. Kim, and A.J. Frank. Open Circuit Photovoltage and Charge Recombination at Semiconductor/Liquid Interfaces. *Electrochem. Society,* 141, 1231-1236, 1994.

9. R. E. Blankenship. Molecular Mechanisms of Photosynthesis. *England, Blackwell Science,* 321, 2002. http://dx.doi.org/10.1002/9780470758472

10. T.B. Buchner, N.H. Ewingen. Photosynthesis: Theory and Applications in Energy, Biotechnology and Nanotechnology, USA, Nova Science Publishers, 255, 2009.

11. R. Gernot. Primary Processes of Photosynthesis: Principles and Apparatus. *England, RSC Publishing,* 9, 61-63, 2008.

12. A. Collings, and C. Critchley. Artificial Photosynthesis: From Basic Biology to Industrial Applications, USA, Wiley-VCH, 313, 2005. http://dx.doi.org/10.1002/3527606742

13. M. Graetzel. Energy Resources Through Photochemistry and Catalysis, USA, Academic Press, 588, 1983.

14. K. Kalyanasundaram, J. Kiwi, & M. Graetzel. Structure Bonding, *Berlin,* 49, 30-36, 1982.

15. A.J. Nozik, and M.D. Archer. Photochemical and Photoelectrochemical Approaches to Solar Energy Conversion. *USA, World Scientific Pub Co Inc.,* 3, 760, 2008.

16. D.W. Oxtoby, H.P. Gillis, and N.H. Nachtrieb. Principles of Modern Chemistry, Thomson/Brooks/Cole, 1104, 2005.

17. Información en http://www.nlcpr.com/GratzelSolarCell.pdf

18. Información en http://www.globalenvironmentalsociety.net

19. J. Bisquert et al.. Physical Chemical Principles of Photovoltaic Conversion with Nanoparticulate, Mesoporous Dye-Sensitized Solar Cells. *J. Phys. Chem. B.,* 108, 2004.

20. B. Oregan, and M. Graetzel. A Low-Cost High-Efficiency Solar Cell Based on Dye-Sensitized Colloidal TiO_2 films. *Nature,* 353, 6346, 1991.

21. A. Mihi. Preparación, Caracterización y Modelización de Cristales Fotónicos Coloidales para Aplicaciones en Células Solares. Universidad de Sevilla, España. 75-104, 2008.

22. Z. Xiao, M. Li, M. Xu, and Z. Lu. *Journal of Physics and Chemistry of Solids,* 59, 911-914, 1998. http://dx.doi.org/10.1016/S0022-3697(98)00025-0

23. F.O. Lensmann, y J.M. Kroon. Recent Advances in Dye-Sensitized Solar Cells, 5, 2007.

24. J. Kawakita. Trends of Research and Development of Dye-Sensitized Solar Cells. *Quarterly Review,* 35, 72-82, 2010.

25. M. Graetzel. Low cost and efficient photovoltaic conversion by nanocrystalline solar cells. Invited lecture presented at a workshop on Photochemical Sciences, Texas, 1996.

26. M. Green, K. Emery, Y. Hishikawa, W. Warta. Progress in Photovoltaics: *Research and Applications,* 16, 435-440, 2008. http://dx.doi.org/10.1002/pip.842

27. H. Park, Y. Jun, H. Yun, S. Lee, M. Kang. *Journal of the Electrochemical Society,* 155, 145-149, 2008. http://dx.doi.org/10.1149/1.2909548

28. K. Suzuki, M. Yamaguchi, M. Kumagai and S. Yanagida. Application of Carbon Nanotubes to Counter Electrodes of Dye-sensitized Solar Cells. *Chem. Lett,* 32, 2003.

29. T. Yamaguchi, N. Tobe, D. Matsumoto, H. Arakawa. Chemical Communications, 4767-4769, 2007. http://dx.doi.org/10.1039/b709911h

30. M. Toivola. Dye-Sensitized Solar Cells on Alternatives Substrates. Doctoral Dissertation. High University School of Science and Technology, Finland, 2010.

31. M.A. Green, K. Emery, D.L. King, Y. Hishikawa, and W. Warta. Solar cell efficiency tables. *Progress in Photovoltaics: Research and Applications,* 14, 455-461, 2006. http://dx.doi.org/10.1002/pip.720

32. P.M. Sommeling, M. Späth, H.J.P. Smit, N.J. Bakker, and J.M. Kroon. Long-term stability testing of dye-sensitized solar cells. *Journal of Photochemistry and Photobiology A,* 164, 137-144, 2004. http://dx.doi.org/10.1016/j.jphotochem.2003.12.017

CAPÍTULO 7

Modelado en la biomimética

Introducción

Desde los primeros días en la fabricación de las herramientas, el hombre ha intentado imitar las habilidades de la naturaleza. En tiempos prehistóricos estas habilidades consistieron desde vestirse con pieles para mantenerse a una temperatura cálida hasta el desarrollo de herramientas de hueso y piedra para emular los dientes y garras de los animales. Sin embargo, la ingenuidad del hombre no estuvo limitada para copiar ciegamente a la naturaleza y próximamente la tecnología humana comenzó a divergir de la naturaleza. El ejemplo más sobresaliente de éste es, por supuesto, la invención del eje y la rueda, que no tiene contraparte en la naturaleza. Sin embargo, la naturaleza continúa inspirando ya sea en vagos conceptos o incluso, en algunos casos, proporcionando diseños completos[1].

El ejemplo más famoso del alcance de la biomimética, es la invención del Velcro, En la década de los 40´s un ingeniero suizo, George de Mestral estaba llevando a su perro a dar un paseo, cuando se dio cuenta que el fruto de la planta de Bardana estaban pegados a su ropa y la piel del perro. Al regresar a casa, examinó el fruto y descubrió los pequeños ganchos que permiten a la semilla del fruto, ser transportados a nuevas áreas[1]. Encontró que los frutos de la planta de bardana se inclinan con pequeños ganchos que sobresalen de las semillas y proporcionan la construcción del gancho-y-lazo, que se agarra al instante, pero se pueden remover con una ligera fuerza (Figura 7.1 A). Esto condujo a la invención de un cierre llamado Velcro[2], que funciona como una cremallera (Figura 7.1 B). Un lado tiene ganchos rígidos como las espinas y el otro tiene bucles en el tejido[3].

La biomimética es la aplicación y la abstracción de los métodos biológicos, buenos diseños de sistemas que se encuentran en la naturaleza para su estudio y el

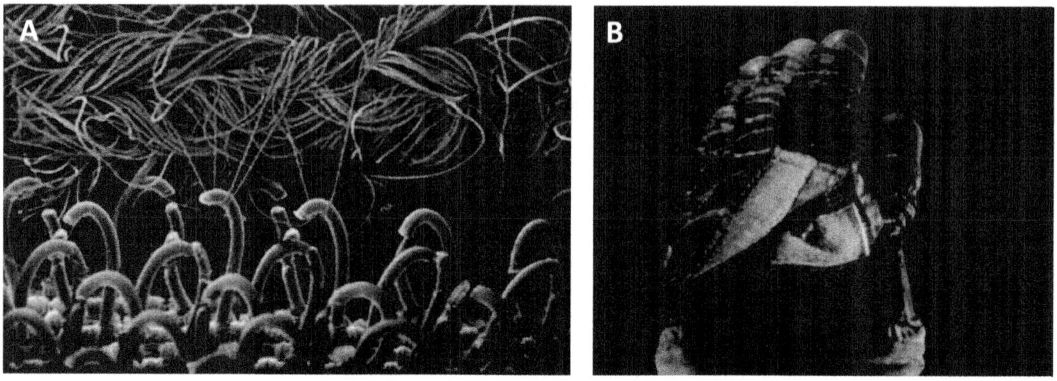

Figura 7.1. A) Imagen de pequeños ganchos y fibras encontrados en los cardos y B) Velcro comercial[3].

desarrollo de sistemas de ingenierías eficientes y sustentables para la tecnología moderna. La transferencia de tecnología entre las formas de vida y la manufactura es deseable debido a la presión evolutiva que normalmente obliga a los seres vivos, incluyendo la fauna y flora en convertirse en seres altamente optimizados y eficientes. Generalmente hay tres áreas de la biología donde las soluciones tecnológicas pueden ser modelados[4],

- La emulación de métodos de fabricación naturales como la producción de compuestos químicos por las plantas y los animales.
- Imitar los mecanismos existentes en la naturaleza, tales como Velcro y la cinta adhesiva (Grecko).
- Imitar los principios organizativos de la conducta social de organismos como hormigas, abejas y microorganismos

Técnicas de modelado

Rusia ha desarrollado un medio sistemático para la integración del conocimiento de la naturaleza dentro de la tecnología de la humanidad (**TRIZ**, por sus siglas en ruso), que también podría traducirse como la **T**eoría para **R**esolver **P**roblemas de **I**nventiva, que proporciona un objetivo basado en la funcionalidad para acceder a soluciones de otras ciencias y tecnologías. **TRIZ** también previene la pérdida de tiempo al intentar encontrar una solución que no existe. Las cuatro herramientas principales de **TRIZ** son: una base de datos de conocimiento organizado por función, el análisis de las barreras técnicas para el progreso (contradicciones), el tecnología de manera desarrollada (idealidad) y la maximización del uso de recursos. La tecnología basada en la biología "Biomimética" sugiere nuevos enfoques resultantes de las patentes y un poco en la producción son[4-13]:

- Medidor de esfuerzos basado en receptores de insectos.
- Estructuras despegables basadas en flores y hojas.
- Cerámicos duros basados en los cascarones de la perla.
- Reducción de arrastre basado en riblets dérmicos en la piel del tiburón.
- Compósitos duros basados en las orientaciones de la fibra de la lana.
- Pegamento bajo el agua basado en adhesivo del mejillón.
- Mecanismos de vuelo basados en insectos voladores.
- Tecnología de extrusión basada en la hilera de la araña.
- Superficies auto-limpiables basados en las hojas de loto.

Hay innumerables ejemplos de interacciones con la naturaleza y un eficiente balance de transferencia de calor, masa, cantidad de movimiento y de las especies a través de la transferencia de las microestructuras en el flujo de fluidos del mundo viviente manifestado en plantas, animales y otros seres vivos. La biomimética involucra la imitación de estas interacciones a través de superficies funcionales con los ambientes que se engloban en el diseño tecnológico. La naturaleza física es modelada numéricamente y simulada empleando fluidinámica computacional, **CFD** (por sus siglas en inglés: *Computational Fluid Dinamics*)[4]. La analogía geométrica, así como la similitud física es también estudiada para el diseño tecnológico de superficies funcionales imitando microestructuras y superficies morfológicas biológicas funcionales. La CFD en escala micro - meso y otras metodologías numéricas son necesarias para logras esto[14-20].

Los métodos micro y meso también son desarrollados en paralelo con la teoría basada en el continuo convencional de las técnicas de CFD usando el método de volumen finito, FVM, (por sus siglas en inglés: Finite Volume Method) y el método de elemento finito, FEM, (por sus siglas en inglés: Finite Element Method). En el método mesoscópico de red Boltzmann, LBM (por sus siglas en inglés: Lattice Boltzmann Method) el flujo de fluidos se simula mediante el seguimiento del desarrollo de las funciones de distribución de conjuntos de moléculas. Es difícil para capturar la dinámica de interface, que es esencial para flujos multifase, a niveles macroscópicos. El LBM captura la interacción de las partículas del fluido y es, por lo tanto, útil para flujos multifase con segregación de fase y de tensión superficial. También, el LBM es computacionalmente más eficiente que el método de dinámica molecular, MD (del inglés: Molecular Dynamics) ya que éste no realiza un seguimiento de moléculas individuales; la solución del algoritmo es explícito, fácil de implementar y se puede realizar el cálculo paralelo. Simulaciones en escalas micro-nano para geometrías a escala micro-nano y de micro tiempo son hechas por el método MD y el método de simulación directa de Monte Carlo (DSMD). Simulaciones acopladas a macro escala están comenzando a desarrollarse en computadoras de alto desempeño, HPC (del inglés: High Performance Computer)[4].

Modelado de flujo de fluidos y transferencia de calor en la biomimética

Flujo de fluidos

Aplicaciones de CFD imitando la natación de los peces y el aleteo de los delfines bajo el agua se han empleado para entender la fricción activa y el empuje neto de propulsión y esto se ha traducido en un mejor funcionamiento en la navegación, los saltos de esquí olímpico, carreras de Fórmula 1, nuevos traje de baño que proporcionan un óptimo desempeño en la natación sobre todo al inicio y en los giros como los Fastskin FSII de Speedo. La propulsión ondulatoria en los vertebrados acuáticos se logra mediante el envío de ondas alternas abajo del cuerpo hacia la punta de la cola provocando una oscilación sinusoidal del cuerpo, un chorro en la onda y un empuje hacia adelante[4]. Las formas de nado de los peces fueron revisadas por Stakoitakis y col.[21] quienes identificaron los modos de nado basándose en el propulsor y el tipo de movimiento (oscilatorio u ondulatorio) utilizados para la generación del empuje, como se aprecia en la Figura 7.2[22].

Las ecuaciones de Navier Stokes para flujo tubulento en fluidos incompresibles en estado transitorio son resueltas en la simulación mediante la aplicación de promedios Reynolds-Navier-Stokes, **RANS**, (por sus siglas en inglés) ecuaciones con condiciones de frontera habituales para obtener la fluctuación de los campos de velocidades. Las ecuaciones en coordenadas cartesianas en forma de tensor son[4]:

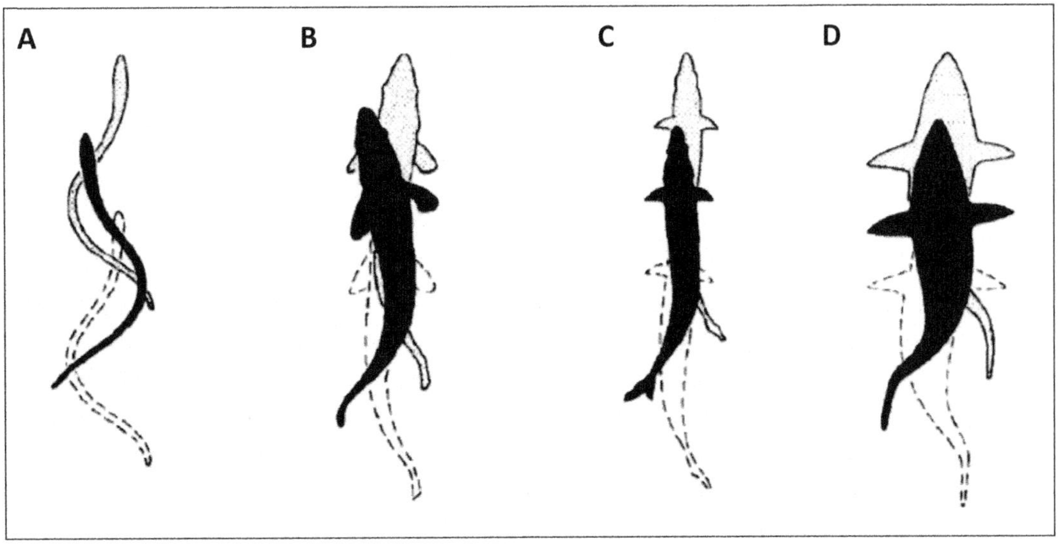

Figura 7.2. Principales formas de nado de los peces A) anguiliforme, B) subcarangiforme, C) carangiforme y D) tuniforme[23].

$$\frac{\partial \rho}{\partial t}+\frac{\partial}{\partial x_i}(\rho u_i)=0 \tag{7.1}$$

$$\frac{\partial}{\partial t}(\rho u_i)+\frac{\partial}{\partial x_i}(\rho u_i u_j)=-\frac{\partial p}{\partial x_i}+\frac{\partial}{\partial x_j}\left[\mu\left(\frac{\partial u_i}{\partial x_j}+\frac{\partial u_j}{\partial x_i}-\frac{2}{3}\delta_{ij}\frac{\partial u_l}{\partial x_l}\right)\right]+\frac{\partial}{\partial x_j}\left(-\rho\overline{u'_i u'_j}\right) \tag{7.2}$$

$$-\rho\overline{u'_i u'_j}=\mu_t\left(\frac{\partial u_i}{\partial x_j}+\frac{\partial u_j}{\partial x_i}\right)-\frac{2}{3}\left(\rho k+\mu_t\frac{\partial u_i}{\partial x_i}\right)\delta_{ij} \tag{7.3}$$

$$\frac{\partial}{\partial t}(\rho k)+\frac{\partial}{\partial x_i}(\rho k u_i)=\frac{\partial}{\partial x_j}\left[\left(\mu+\frac{\mu_t}{\sigma_k}\right)\frac{\partial k}{\partial x_j}\right]+G_k\text{-}\rho\varepsilon \tag{7.4}$$

$$\frac{\partial}{\partial t}(\rho\varepsilon)+\frac{\partial}{\partial x_i}(\rho\varepsilon u_i)=\frac{\partial}{\partial x_i}\left[\left(\mu+\frac{\mu_t}{\sigma_\varepsilon}\right)\frac{\partial\varepsilon}{\partial x_j}\right]+C_{1\varepsilon}\frac{\varepsilon}{k}G_k\text{-}C_{2\varepsilon}\rho\frac{\varepsilon^2}{k} \tag{7.5}$$

$$G_k=-\rho\overline{u'_i u'_j}\frac{\partial \mu_j}{\partial x_i}\infty \tag{7.6}$$

$$\mu_t=\rho C_\mu\frac{k^2}{\varepsilon} \tag{7.7}$$

donde x y u son las coordenadas cartesianas y la velocidad, respectivamente. La velocidad u, la densidad ρ y la viscosidad μ y otras variables de solución que representan valores promediados en conjunto (o promediados en el tiempo)[4]. El esfuerzo de Reynolds $-\rho\overline{u'_i u'_j}$ es modelado y se relaciona con los gradientes de velocidad media por la hipótesis de Boussinesq, k es la energía cinética por turbulencia, ε, es la velocidad de disipación de energía cinética y μ_t es la viscosidad turbulenta. C es una constante, σ es número de Prandtl. G_k representa la generación de energía turbulenta debido a los gradientes de velocidad media. El flujo turbulento inducido por la oscilación de la cola del pescado se caracteriza por la fluctuación de campos de velocidad. Las ecuaciones gobernantes instantáneas son promediadas en el tiempo para reducir el tiempo de cálculo y la complejidad que se realiza en forma de modelos de turbulencia, tal como el modelo semiempírico de turbulencia k-ε caballo de fuerza para los cálculos de flujo en ingeniería. Para calcular el campo de flujo utilizando una malla dinámica, la forma integral de la ecuación de conservación para un escalar en general ϕ sobre un volumen de control arbitrario V con una frontera de movimiento se emplea la siguiente ecuación,

$$\frac{d}{dt}\int_V \rho\phi dV + \int_{\partial V} \rho\phi\left(\vec{u}-\vec{u}_g\right)\cdot d\vec{A} = \int_{\partial V} \Gamma\nabla\phi\cdot d\vec{A} + \int_V S_\phi dV \tag{7.8}$$

donde $\vec{u}$ es el vector de la velocidad de flujo, $\vec{u}_g$ es la velocidad de red de la malla en movimiento, Γ es el coeficiente de difusión, S_ϕ es el término fuente de f y ∂V es la frontera del volumen de control V[4]. El flujo se caracteriza por ondas que viajan espacialmente de la vorticidad ligada al cuerpo. La mezcla entre las características de flujo longitudinal y transversal varía con la fase de la oscilación y el campo de velocidad inestable varía a lo largo de un ciclo de oscilación. El contorno de distribución de la presión dinámica y el efecto del movimiento de la cola sobre el campo de flujo transitorio del cuerpo de pez mostrará que hay zonas de alta presión en la parte trasera del cuerpo indicando fuertes vórtices y turbulencia. Los parámetros cinemáticos como el número Strouhal, la longitud de onda y la frecuencia de oscilación se basan en la locomoción hacia delante en línea recta con velocidad constante en la dirección crucero. La Figura 7.3 muestra las formas geométricas computacionales de (A) atún, (B) con aletillas dorsal /ventrales y (C) pex cebra gigante[24]. Los datos cinemáticos de peces nadando muestra que las frecuencias no dimensionales están cerca del valor predicho por el análisis de la inestabilidad.

Otro ejemplo del empleo de **CFD** para estudiar los problemas de flujo de fluidos biomiméticos incluye la simulación de flujo de aire alrededor del ale-

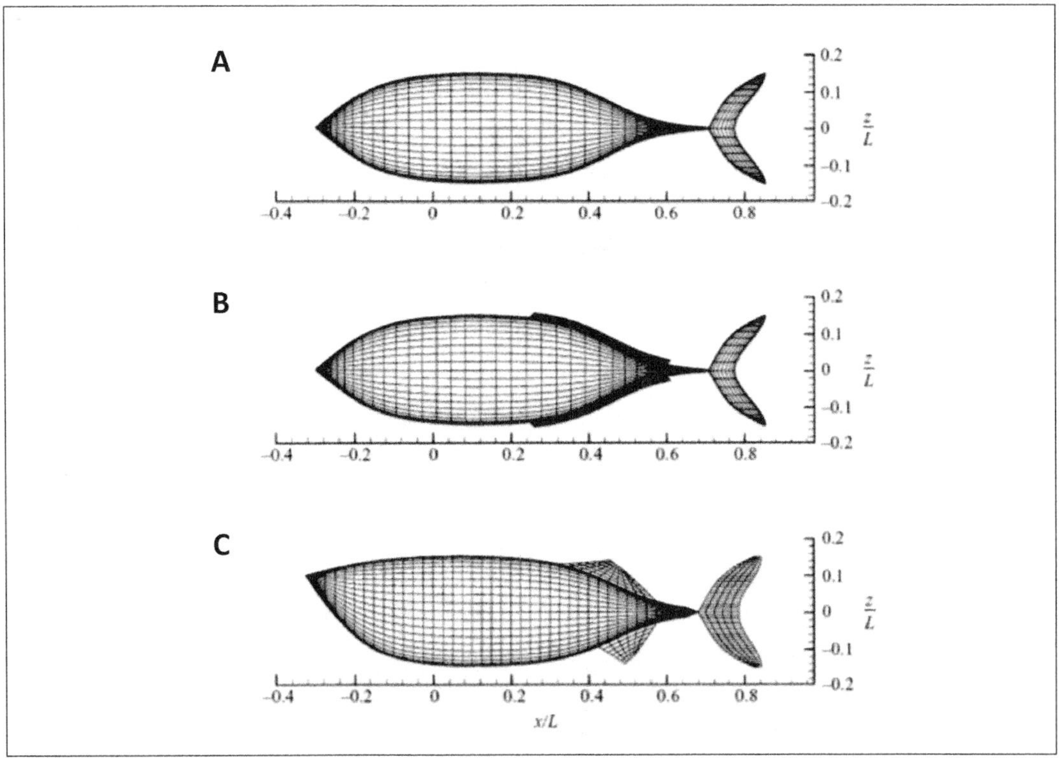

Figura 7.3. Formas geométricas computacionales de A) el atún, B) el atún con aletillas dorsal / ventrales y C) pez cebra gigante[4].

teo de las alas de insectos, la simulación numérica del flujo electroosmótico en las lombrices cerca de la superficie y la simulación de descarga explosiva del escarabajo bombardero. Kroger[25] realizó un estudio de simulación CFD de flujo de aire alrededor del aleteo de las alas de insectos. El interés por la técnica del aleteo de alas[26,27] está creciendo recientemente debido al hecho, de que los avances en micro-tecnología permiten a la gente pensar en la construcción muy pequeña y muy maniobrable de micro-aviones que podrían ser utilizado para misiones de búsqueda y rescate o para detectar sustancias o contaminantes peligrosos en las zonas que no son accesibles o que pueden ser de demasiado riesgo para los seres humanos. Hay tres principios básicos que contribuyen a la aerodinámica inestable en el aleteo de las alas: Parada retardada, la circulación rotacional y de captura de estela. Sin embargo, las interacciones exactas entre ellos siguen siendo objeto de investigación por simulación de **CFD**. La Figura 7.4 muestra la superficie en forma de malla del cuerpo de una mosca.

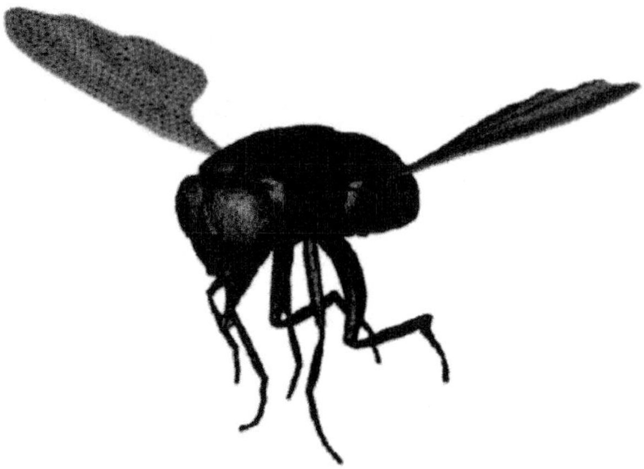

Figura 7.4. Superficie mallada sobre un cuerpo volador[4].

El modelo dinámico de mallado de **CFD** se utiliza para examinar simulaciones de vuelo críticos de aviones normales, tal como el descenso del tren de aterrizaje a una baja velocidad de aire, o el barrido del movimiento de las alas en los aviones de combate a una alta velocidad del aire (Figura 7.5).

Junto a las aplicaciones de vuelo, el modelo de mallado dinámico también puede simular el movimiento de las válvulas de corazón en el área biomédica, o pequeñas válvulas de membrana de aleteo en microfluídos o el flujo alrededor de cualquier pieza arbitraria en movimiento arbitrario en otra industria o aplicaciones deportivas.

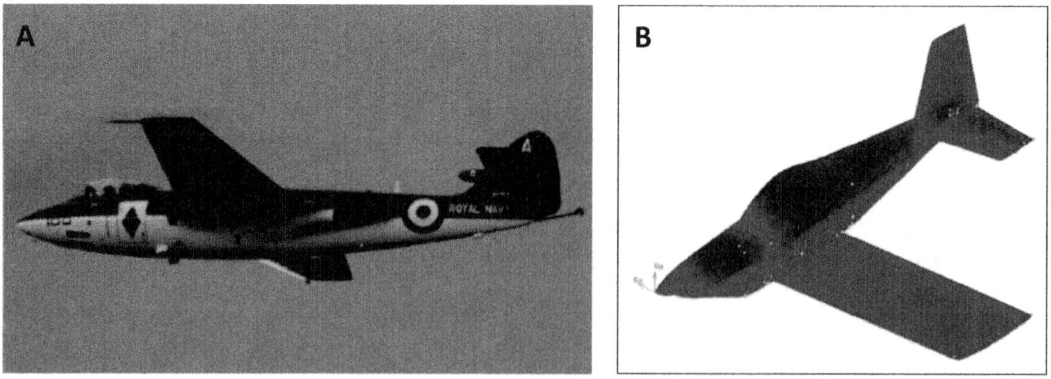

*Figura 7.5. A) Avión militar Hawker Sea Hawk FGA6[28] y B) Mallado de un avión empleando **CFD**[29].*

Transferencia de calor

En vista del hecho de que las fuentes de energía fósiles se harán cada vez más escasas, el desarrollo de nuevos sistemas para la utilización de la energía solar es una tarea esencial en nuestro tiempo pero sobre todo de cómo se le dará el potencial de sostenibilidad. El transporte de energía desde el sol hacia la tierra es muy grande: por ejemplo, la media anual de la potencia de insolación de Munich[30] es de un valor máximo de 1.15 kW(h/m^2), mientras en el Sahara esta cantidad se maximiza hasta 2.200kW(h/m^2). Uno tiene que considerar que la radiación solar en la superficie terrestre contiene aproximadamente un 3% del ultravioleta (UV), 46% del visible y un 51% de radiación infrarroja (IR). La luz del sol es la fuente de energía número uno en la naturaleza. Un gran número de plantas emplean la luz de sol, el uso técnico de la luz del sol es un gran desafío para los seres humanos y presenta tarea global para usar esta energía natural en el calentamiento de casas y líquidos[31]. Algunos sistemas realmente eficaces ya se han desarrollado: los colectores solares térmicos son capaces de cambiar la energía de la radiación solar en calor utilizable[32].

Para lograr esto, se emplea un colector el cual es capaz de transferir la energía a través de un medio (aire, agua y mezclas de agua y glicol[33]. Para el colector, se utilizan buenos materiales conductores de calor tales como metales o algunos tipos de plásticos y deben tener una velocidad alta de absorción y convertir la radiación solar en calor tanto como sea posible.

El oso polar, uno de los mayores depredadores de la Tierra, tiene que sobrevivir en el frío ártico, hasta temperaturas cercanas a los 50°C bajo cero. Una capa de grasa de hasta 100mm de espesor ayuda a proteger a estos enormes animales del frío. Debido a su piel negra y a su pelaje blanco el oso blanco puede capturar la luz solar incidente[31]. Científicos del Instituto de tecnología Textil y Procesos de Ingeniería Denkendorf, **ITV** (por sus siglas en alemán) examinaron con detalle en la piel y en los pelos de los osos polares. El pelaje del oso polar son casi transparente y muestra una estructura hueca en el núcleo (Figura 7.6 A). El aire capturado en estos pelos huecos permite repeler el agua, así como a que sean altamente aislantes. Una especialidad adicional es la piel negra del oso polar (Figura 7.6 B).

Los Científicos asumen que los pelos huecos de color blanco amarillento reflejan la luz del sol a lo largo de su longitud hasta que se transfiere en calor en la piel negra[27]. Así la piel negra atrapa la radiación solar. En ITV Denkendorf se analizaron los principios de la tecnología solar del oso polar. Especialmente, las funciones físicas

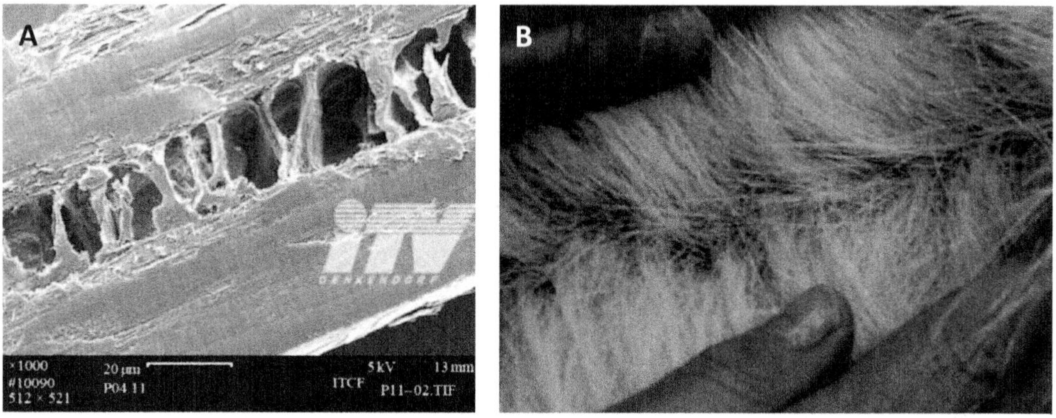

Figura 7.6. A) Imagen de microscopio de las fibras huecas del pelaje de oso polar y B) pelaje amaríllenlo y piel negra de un oso polar[31].

de la transferencia de calor por radiación solar desde el exterior hacia el colector. El aislamiento térmico del sistema así como la baja emisión de radiación de calor fueron de gran interés para el desarrollo de un producto biomimético.

La transferencia de tecnología empleando la biomimética fue examinada con una piel artificial fabricada de un tejido de pelo con fibras conductoras de luz y en la parte posterior recubiertas con un recubrimiento negro (Figura 7.7 A). En principio, el tejido de pelo trabajó desde un punto de vista de actividad solar pero el contorno de limpieza bajo ambientes técnicos no fue aceptable. Contrario a la piel del oso polar, que limpia su piel entre otras cosas con su lengua, en la aplicación técnica no fue posible asegurar las propiedades necesarias del material. De esta manera, una nueva idea fue desarrollada empleando tecnologías textiles modernas. Con la combinación de un espaciador textil flexible con una lámina lisa en la

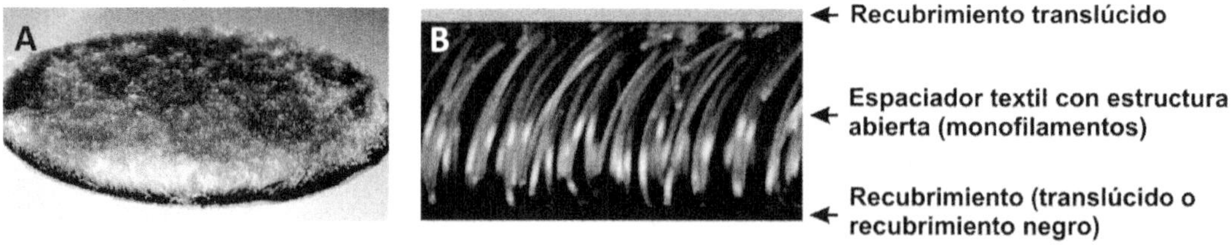

Figura 7.7. A) fabricación de pelo con fibra ligeras altamente conductivas y B) construcción de un compuesto textil espaciador para captación de energía solar térmica[31].

parte superior y la parte inferior los científicos del **ITV** obtuvieron el principio para un producto tecnológico – un espaciador textil recubierto (Figura 7.7 B).

Las propiedades termodinámicas de la piel han sido objeto de varios estudios desde 1950. Scholander y col.[34] emplearon una placa de potencia conocida con pieles y midió las pérdidas de calor, resultando en estimaciones de aislamiento de las pieles entre ~$1.3m^2K/W$ (musaraña) y de ~$0.18m^2K$ /W (zorro blanco). Por otra parte, Hammel[35] determinó experimentalmente los valores de aislamiento entre $0.45m^2K$ /W (zorro rojo) y de $1.09m^2K$ /W (coyote de piel bronceada). Cena y Monteith[36] desarrollaron un modelo de transferencia de calor de la piel mediante la adaptación de los modelos de vegetación creado por Cowan[37]. Kowalski y Mitchell[38] proporcionaron un mapeo detallado de la transferencia de calor de la piel empleando variables adimensionales y de un espesor óptico. Su modelo no toma en cuenta el haz o la onda corta de radiación y también se basa en una orientación aleatoria de las fibras de piel para obtener un coeficiente de absorción promedio. Suponiendo una orientación aleatoria de las fibras limita las posibilidades de diseño para la piel. En un estudio elaborado por Matthew y col.[39] tuvo como objetivo traducir el conocimiento de sistemas biológicos en las iniciativas para la construcción de fachadas. Específicamente su investigación fue basada en la física de la transferencia de calor de la piel para interpretar las características distintivas de la piel de los animales a las fachadas de los edificios. Los investigadores emplearon un modelo de transferencia de calor del pelaje de los animales, y probaron el desempeño de la piel como un componente de la fachada del edificio. Los autores emplearon un modelo simplificado de la transferencia de calor en una pared plana. Los investigadores emplearon para la pared biomimética una capa de forro de piel en la superficie externa y desarrollaron un modelo dependiente del tiempo en base a la ecuación de calor en 1-D generalizada y sin fuentes ni sumideros de calor[40].

$$\frac{\partial^2 T}{\partial x^2} = \frac{1}{\alpha}\frac{\partial T}{\partial x} \tag{7.9}$$

donde α es la difusividad térmica de la pared. Los autores encontraron que el modelo de la piel en una fachada del edificio externo ha puesto de manifiesto que una capa artificial "piel" puede proporcionar una barrera aislante y radiactivo eficaz para la transferencia de calor, aumentando el rendimiento térmico de una fachada ligera, mediante la optimización de cuatro variables controlables - espesor de la capa de piel, la fibra de la piel, la orientación angular de las fibras y el número de fibras por unidad de área - se demostró que la conductividad térmica efectiva podría reducirse a $k = 0.055W/mK$. Esto contrasta con el valor de la conductividad de una capa de piel de venado (k = 0,091W/mK) con las mismas características térmicas, una reducción del 40%. Además, el modelo térmico de los investigadores[39] puede ser moldeado para responder dinámicamente a las condiciones climáticas externas. Por ejemplo, el modelo puede ofrecer una simulación en base horaria dinámica de la fachada biomimética forrada de piel en el transcurso de un día de verano o de invierno. Además, el modelo térmico puede ser extendido para permitir la selección y ensayo de los parámetros físicos de la capa de piel.

Referencias

1. Thomas Hesselberg. Biomimetics – Learning from Nature. *Proceedings of the BRLSI*, 2005.

2. S. A. Velcro. Improvements in or relating to a method and a device for producing velvet type fabric, 721, 338, 1955.

3. Bharat Bhushan. Biomimetics: lessons from nature – an overview. *Philosophical Transactions of Royal Society*, vol. 367, pp. 1445-1486, 2009. http://dx.doi.org/10.1098/rsta.2009.0011

4. Sujoy Kumar Saha and Gian Piero Celata. Advances in modelling of biomimetic fluid flow at different scales. *Nanoscale Research Letters*, vol. 6, no. 344, 2011.

5. A. Skordos, P.H. Chan, J.F.V. Vincent, and G. Jeronimidis. A novel strain sensor based on the campaniform sensillum of insects. *Philosophical Transactions of the Royal Society A*, vol. 360, pp. 239-253, 2002. http://dx.doi.org/10.1098/rsta.2001.0929

6. S.D. Guest and S. Pellegrino. Inextensional Wrapping of Flat Membranes. In *Proceedings of International Seminar Structure Morphology LMGC Universite Montpellier II*, Montpellier, 1992.

7. A.P. Jackson, J.F.V. Vincent, and R.M. Turner. A physical model of nacre. *Composites Science and Technology*, vol. 36, pp. 255-266, 1989. http://dx.doi.org/10.1016/0266-3538(89)90024-9

8. D.W. Bechert, M. Bruse, W. Hage, and R. Meyer. Biological surfaces and their technological application–laboratory and flight experiments on drag reduction

and separation control. In *Proceedings of 28th AIAA Fluid Dynamics Conference*, Snowmass Village, CO, USA, 1997. http://dx.doi.org/10.2514/6.1997-1960

9. R.C. Chaplin, JE Gordon, and G. Jeronimidis. Development of a novel fibrous composite material. 4409274, 1983.

10. S.M. Holl, D. Hansen, J.H. Waite, and J. Schaefer. Solid-state NMR analysis of crosslinking in a mussel protein glue. *Archives of Biochemistry and Biophysics*, vol. 302, no. 1, pp. 255-258, 1993. http://dx.doi.org/10.1006/abbi.1993.1207

11. D.P. Knight and F. Vollrath. Liquid crystals and flow elongation in a spider's silk production line. In *Proceedings of the Royal Society B*, 1999.

12. C. Dawson, J.F.V. Vincent, G. Jeronimidis, G. Rice, and P. Forshaw. Heat transfer through penguin feathers. *Journal of Theoretical Biology*, vol. 199, no. 3, pp. 291-295, 1999. http://dx.doi.org/10.1006/jtbi.1999.0959

13. W. Barthlott and C. Neinhuis. Lotusblumen und Autolacke: Ulstrastruktur Pflanzucher, Grenzflachen und biomimetische unverschmutzbare Werkstoffe. Universitat des Saarlandes, 1999.

14. McIntosh and M. Forman. The efficiency of the explosive discharge of the bombardier beetle with possible biomimetic application. *In Design and Nature II–Comparing Design in Nature with Science and Engineering*, pp. 227-236, 2004.

15. C.H. Amon. Advances in computational modeling of nano-scale heat transfer. In *Proceedings of 12th International Heat Transfer Conference*, Grenoble Francia, 2002.

16. S. Chen and G.D. Doolen. Lattice Boltzmann method for fluid flows. *Annual Review of Fluid Mechanics*, vol. 30, pp. 329-364, 1998. http://dx.doi.org/10.1146/annurev.fluid.30.1.329

17. S. Maruyama. Molecular dynamics methods in microscale heat transfer. *Heat Transfer and Fluid Flow in Microchannels*, 2002.

18. G.A. Bird. Molecular gas Dynamics and Direct Simulation of Gas Flows New York, 1994.

19. G.A. Bird. Molecular gas Dynamics and Direct Simulation of Gas Flows New York, 1994.

20. N.V. Prizjev, A.A. Darhuber, and S.M. Troian. Slip behavior in liquid films on surfaces of patterned wettability: Comparison between continuum and molecular dynamics simulations. *Physical Review E*, vol. 71:041608, 2005.

21. M. Stakiotakis, D.M. Lane, and J.B.C. Davies. Review of Fish Swimming Modes for Aquatic Locomotion. *Journal of Oceanic Engineering, IEEE Xplore*, vol. 24, no. 2, pp. 237-252, 1999. http://dx.doi.org/10.1109/48.757275

22. Jaime Cervantes de Gortary. El desplazamiento ondulatorio de los peces: analogía con el pandeo de columnas sólidas y fluidas. *Ingeniería Mecánica Tecnología y Desarrollo*, vol. 1, no. 5, pp. 151-158, 2004.

23. C.C. Lindsey. Form, function and locomotory habits in fish. In *Fish Physiology Vol III Locomotion*. London: Academic Press Inc., pp. 1-100, 1978.

24. Q. Zhu, M.J. Wolfgang, D.K.P. Yue, and M.S. Triantafyllou. Three-dimensional flow structures and vorticity control in fish-like swimming. *Journal of Fluid Mechanics*, vol. 468, pp. 1-28, 2002. http://dx.doi.org/10.1017/S002211200200143X

25. R. Kroger. Simulation of airflow around flapping insect wings. In *Proceedings of 1st International Industrial Conference BIONIK*, Hannover, Germany, 2004.

26. M.H. Dickinson and F.O. Lehmann. Sane SP. *Science,* vol. 284, pp. 1954-1960, 1999. http://dx.doi.org/10.1126/science.284.5422.1954

27. W. Nachtigall. Biology and Related Natural Sciences Stuttgart. 115-156, 1997.

28. Adraey Mohammad. July 2013. http://faculty.dwc.edu/sadraey/Chapter%205.%20Wing%20Design.pdf

29. P. Little Robert. Flight Simulator Database Population from Wind Tunnel and CFD Analysis of a Homebuilt Aircraft, 2006.

30. H. Ladener and F. Späte. Solaranlagen - Handbuch der thermischen Solarenergienutzung. Staufen, Germany, 1999.

31. Thomas Stegmaier, Michael Linke, and Planc Heinrich. Bionics in textiles: flexible and translucent thermal insulations for solar thermal applications. *Philosophical Transactions of Royal Society A*, vol. 367, pp. 1749-1758, 2009. http://dx.doi.org/10.1098/rsta.2009.0019

32. http://www.powerfromthesun.net

33. Solartechnik GmbH Wagner & Co. So baue ich eine Solaranlage: Handbuch für Technik Planung und Montage. Cölbe, Germany, 1999.

34. P.F. Scholander, V. Walters, R. Hock, and L. Irving. Body Insulation of Some Arctic and Tropical Mammals and Birds. *Biological Bulletin*, vol. 99, no. 2, pp. 225-236, 1950. http://dx.doi.org/10.2307/1538740

35. H.T. Hammel. Thermal Properties of Fur. *American Journal of Physiology*, vol. 182, no. 2, pp. 369-376, 1955.

36. K. Cena and J.L. Monteith. Transfer Processes in Animal Coats. I. Radiative Transfer. *Proceedings of the Royal Society of London, Series B: Biological Sciences*, vol. 188, pp. 377-393, 1975. http://dx.doi.org/10.1098/rspb.1975.0026

37. I.R. Cowan. The Interception and Absorption of Radiation in Plant Stands. *Journal of Applied Ecology*, vol. 5, no. 2, pp. 367-379, 1968. http://dx.doi.org/10.2307/2401567

38. G.J. Kowalski and J.W. Mitchell. An Analytical and Experimental Investigation of the Heat Transfer Mechanisms within Fibrous Media. In *American Society of Mechanical Engineers, Winter Annual Meeting, New York*, New York, 1979.

39. Webb Matthew, Hertzsch Eckhart, and Green Ray. Modelling and optimisation of a biomimetic façade based on animal fur. In *Proceedings of Building Simulation 2011 12th Conference of International Building Performance Simulation Association, Sydney, 14-16 November*, Sidney, Australia, 2011.

40. J.P. Holman. Transferencia de Calor. Madrid: McGraw-Hill, 1998.

Sobre los autores

Eddie Nahúm Armendáriz Mireles

Realizó estudios de Ingeniería en Electrónica, con especialidad en Control e Instrumentación en el Instituto Tecnológico de Ciudad Victoria. Realizó estudios de posgrado en la Universidad Politécnica de Victoria obteniendo el grado de Maestro en Ingeniería. Actualmente es alumno del programa de Doctorado en la Universidad Autónoma de Tamaulipas, Se ha desempeñado como docente en instituciones públicas por varios años, además cuenta con experiencia profesional en la industria Automotriz. Ha asistido y participado en diferentes congresos nacionales e internacionales y publicado artículos relativos a temáticas relacionadas con el Diseño Asistido por Computadora y Procesamiento de Imágenes. Ha publicado varios artículos de investigación en revistas de circulación internacional en temáticas relacionadas con el diseño, la producción, caracterización y aplicación de los materiales. Actualmente es profesor en la Universidad Politécnica de Victoria. Cuenta con Certificaciones internacionales avaladas por SolidWorks Co. Así también, de Green Belt Manufacturing Certification. Así mismo, ha participado diferentes proyectos de investigación enfocados a la solución de problemas de la industria.

PABLO CÉSAR CARBO VELA

Realizó estudios de Ingeniería en Electrónica y Comunicaciones en la Facultad de Ingeniería Mecánica y Eléctrica de la Universidad Autónoma de Nuevo León, México. Realizó estudios de posgrado en la Universidad Politécnica de Victoria obteniendo el grado de Maestro en Ingeniería. Se ha desempeñado como docente en instituciones públicas y privadas por varios años, además tiene experiencia profesional en la industria electrónica. Ha asistido y participado en diferentes congresos nacionales e internacionales y publicado artículos relativos a temáticas relacionadas con el funcionamientos de celdas solares de 4ta generación. Actualmente es profesor en la Universidad Politécnica de Victoria.

CONSTANTIN ALBERTO HERNÁNDEZ BOCANEGRA

Es egresado de la carrera de Ingeniería Química en el Instituto Tecnológico de Durango. Realizó sus estudios de Maestría y Doctorado en el área de Ingeniería Metalúrgica y Cerámica donde se especializó en procesos de transferencia de calor en el sistema de enfriamiento secundario de las maquinadas de colada continúa de planchón delgado en el Centro de Investigación y de Estudios Avanzados del Instituto Politécnico Nacional – Unidad Saltillo. Es miembro del Sistema Nacional de Investigadores, y actualmente se encuentra como profesor en la Universidad Politécnica de Victoria.

Enrique Martínez Peña

Realizó estudios de Ingeniería en Electrónica con especialidad en instrumentación y control en el Instituto Tecnológico de Ciudad Victoria. Realizó estudios de posgrado en el Centro Nacional de Investigación y Desarrollo Tecnológico, Cuernavaca, Morelos, México, obteniendo el grado de Maestro en Ciencias en Ingeniería Mecatrónica. Se ha desempeñado como docente en instituciones de educación superior por varios años, además tiene experiencia profesional en la industria de manufactura como supervisor de mantenimiento. Ha asistido y participado en diferentes congresos nacionales e internacionales. Actualmente es profesor en la Universidad Politécnica de Victoria.

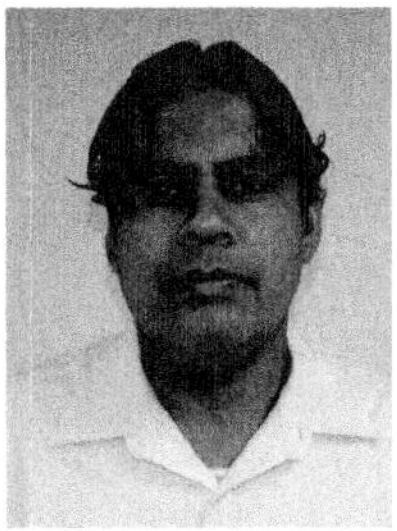

Juan López Hernández

Realizó estudios de Ingeniería en Electrónica en el Instituto Tecnológico de Veracruz, México. Realizó estudios de posgrado en el Instituto Nacional de Astrofísica, Óptica y Electrónica, Puebla, México, obteniendo los grados de Maestro y Doctor en Ciencias de la Electrónica. Se ha desempeñado como docente en instituciones públicas desde 2003. Ha asistido y participado en diferentes congresos nacionales e internacionales, asimismo, ha publicados artículos arbitrados e indexados relativos a temáticas relacionadas con circuitos integrados, sistemas inteligentes y sistemas caóticos. Actualmente es profesor en la Universidad Politécnica de Victoria.

ENRIQUE ROCHA RANGEL

Realizó estudios de Ingeniería y Maestría en Metalurgia en la ESIQIE-IPN, DF, México, así como un Doctorado en Materiales en la misma Institución. Hizo una estancia de investigación en la Universidad Tecnológica de Toyohashi, Japón y un Posdoctotado en los Laboratorios Nacionales de Oak Ridge en EEUU, en ambos casos desarrollando investigaciones relacionadas con el procesamiento de materiales. Tiene amplia experiencia académica trabajando en instituciones nacionales, actualmente es profesor en la Universidad Politécnica de Victoria. Ha publicado varios artículos de investigación en revistas de circulación internacional en temáticas relacionadas con la producción, caracterización y aplicación de los materiales. Actualmente es miembro del Sistema Nacional de Investigadores en México.

JOSÉ AMPARO RODRÍGUEZ GARCÍA

Realizó estudio de Ingeniería Mecánica en el Instituto Tecnológico de Ciudad Victoria. Realizó estudios de posgrado en el CINVESTAV Unidad Saltillo, Coahuila, México obteniendo el grado de Maestro en Ciencias con especialidad en Metalurgia y Doctor en Ciencias con especialidad en Metalurgia y Cerámica. Se ha desempeñado como Profesor Investigador en la Universidad Politécnica de Victoria, desde el 2010 ha la fecha. Ha participado en diversos Congresos Nacionales e Internacionales y publicado artículos relativos a temáticas relacionadas con la síntesis y caracterización de materiales avanzados. Actualmente es miembro del Sistema Nacional de Investigadores en México.

Printed in Dunstable, United Kingdom

91223686R00074